Olga Witt

# Zero Waste Baby

Olga Witt

# Zero Waste Baby

## Kleines Leben ohne Müll

Tectum Verlag

Olga Witt
Zero Waste Baby
Kleines Leben ohne Müll


ISBN 978-3-8288-4267-0
E-PDF 978-3-8288-7173-1
E-Pub 978-3-8288-7174-8

Lektorat: Dr. Volker Manz
Fotografien: Stephanie Kunde – Kundefotografie, Anna Kriele, Gregor Witt, Olga Witt
Autorinnenportrait auf dem Umschlag: Jennifer Kiowsky – Juicy-Pictures.com

Druck und Bindung: gugler GmbH
Printed in Austria

greenprint*
klimapositiv gedruckt

Höchster Standard für Ökoeffektivität.
Cradle to Cradle™ zertifizierte
Druckprodukte innovated by gugler*.
Bindung ausgenommen

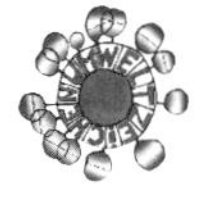

Gedruckt nach der Richtlinie „Druckerzeugnisse" des Österreichischen Umweltzeichens. gugler* print, Melk, UWZ-Nr. 609, www.gugler.at

Besuchen Sie uns im Internet
www.tectum-verlag.de

Bibliografische Informationen der Deutschen Nationalbibliothek
Die Deutsche Nationalbibliothek verzeichnet diese Publikation in der Deutschen Nationalbibliografie; detaillierte bibliografische Angaben sind im Internet über http://dnb.d-nb.de abrufbar.

# Inhalt

# Druckhinweis

Das Buch wurde nach dem Cradle-to-Cradle-Verfahren produziert (die Bindung, ist bislang noch ausgenommen).

Im Cradle-to-Cradle-Druck kommen nur Substanzen zum Einsatz, deren gesundheitliche Unbedenklichkeit bewiesen ist (im Gegensatz zu anderen Verfahren, wo alles erlaubt ist, was nicht zweifelsfrei als schädlich diagnostiziert ist).

Herkömmliches Altpapier kann nie zu 100 Prozent recycelt werden, es bliebt immer giftiger Klarschlamm zurück. Im Cradle-to-Cradle-Druck kann das Papier zu 100 Prozent wiederverwertet oder in den biologischen Kreislauf zurückgeführt werden. Die Druckerei kompensiert zudem 110 Prozent ihres $CO_2$-Ausstoßes.

Der Umschlag besteht zu 50 Prozent aus getrockneten Wiesengräsern. Statt der üblichen 6.000 Liter Wasserverbrauch pro Tonne Holzzellstoff braucht dieses alternative Frischfasermaterial nur einen Liter Wasser. Der Energieverbrauch bei der Herstellung liegt bei nur rund 150 kW/h pro Tonne Grasfaserstoff verglichen mit bis zu ca. 6.000 kW/h pro Tonne Holzzellstoff. Auch die bei der Holzzellstoffproduktion normalerweise benötigten Chemikalien fallen weg.

# Über mich und dieses Buch

Seit Anfang 2013 lebe ich nach dem Zero-Waste-Prinzip, und seitdem hat sich so einiges verändert in meinem Leben. 2014 lernte ich zufällig meinen jetzigen Mann Gregor kennen. Er kannte mich wohl schon etwas länger aus der Kletterhalle, in der wir beide leidenschaftlich gern die Wände hochstiegen. Er war der Meinung, das Kennen sollte endlich auf Gegenseitigkeit beruhen, und schrieb mich an. Bald trafen wir uns zum ersten Mal, und wenig später zog ich bei ihm und seinen drei Töchtern ein. Ob ihm bewusst war, worauf er sich damit einließ? Ökologisches Bewusstsein war bei ihm zwar durchaus vorhanden, weniger klar war ihm aber, was das für das alltägliche Leben bedeuten kann. Trotzdem nahm er mit Freude alles auf, was ich bisher mit Zero Waste gelernt hatte. Für die Kinder war es eine größere Umstellung, die sie auch nicht so ohne Weiteres akzeptierten. Vieles, was sie gewohnt waren, verschwand plötzlich, und das Essen schmeckte irgendwie immer anders als bisher. Anstatt mich hochkant rauszuekeln, nahmen sie mich trotzdem mit all ihrer Liebe in der Familie auf – wofür ich ihnen sehr dankbar bin. 2015 feierten Gregor und ich dann unsere Zero-Waste-Hochzeit, und neun Monate später kam unser gemeinsamer Sohn Levin auf die Welt.

Babys bedeuten eine Veränderung. Für uns war aber immer klar, dass wir nun, nur weil wir ein Kind bekommen sollten, nicht damit anfangen würden, den süßen Verheißungen der Wegwerfindustrie zu verfallen. Wir wollten genauso weiterleben wie bisher. Und ich kann ohne Umschweife sagen: Es gelingt uns ganz wunderbar. Mittlerweile ist unser Sohn zweieinhalb Jahre alt, sehr zufrieden und trägt schon lange keine Windeln mehr.

Um unserem Prinzip treu zu bleiben, bedeutet Nachwuchs im Haushalt aber doch, sich Gedanken zu machen und Wege zu suchen, wie angesichts der Bedürfnisse des neuen Erdenbürgers nicht plötzlich auch wieder mehr Abfall zu Hause mit einzieht. Daher folgt auf mein erstes Buch *Ein Leben ohne Müll – Mein Weg mit Zero Waste* nun ein neues. *Zero Waste Baby* möchte zeigen, wie sich die Grundgedanken von Zero Waste auch auf die Zeit mit Kleinkind übertragen lassen, ohne dass das neue gemeinsame Glück auch nur einen Deut darunter leiden muss. Denn ich wünsche mir, dass wir alle unser Bestes geben und achtsamer mit Ressourcen umgehen, weil es letztlich die Ressourcen der Kinder sind, die wir gerade in die Welt gesetzt haben. Um anderen Eltern zu zeigen, wie leicht es sein kann, auch mit Baby ohne Müll zu leben, habe ich dieses Buch geschrieben und lege es ihnen auch um ihrer Kinder willen ans Herz.

Es richtet sich an alle Schwangeren und solche, die es werden wollen, an alle Eltern mit Kindern, aber auch an alle Tagesmütter und -väter, an Kitas und alle Menschen, die mit kleinen Kindern arbeiten oder diese betreuen. In diesem Buch geht es vorrangig um den Zeitraum von der Schwangerschaft bis zum 3. Lebensjahr des Kindes.

# Zero Waste mit Baby

Ein Kind zu bekommen ist doch schon anstrengend genug – soll ich mich nun wirklich auch noch mit Müllfragen rumschlagen?

Darauf gibt es nur eine Antwort: ein glasklares Ja. Ob ihr euer erstes Kind erwartet oder schon drei habt, ob ihr Erfahrung mit Zero Waste habt, ob ihr Geld oder Zeit habt, ist nicht wichtig. Zero Waste macht das Leben einfacher, günstiger und inhaltsvoller – mit Kind und ohne. Deshalb ist genau jetzt der richtige Zeitpunkt, damit anzufangen oder, wer schon begonnen hat, weiterzumachen. Warum man das tun sollte und wie es gelingt, zeige ich auf den folgenden Seiten.

## Welche Welt?

Nicht selten stellen sich Eltern in der Schwangerschaft oder auch danach die Frage, in welche Welt ihr Kind hineingeboren wird. Alle Eltern wünschen sich für ihr Kind das Beste, die besten Entwicklungschancen und die rosigste Zukunft. Wer jedoch ab und an mal Nachrichten hört, wer sich unaufgeräumte Strände anguckt, in der Stadt tief einatmet, in Bangladesch eine Textilfabrik besucht, die Böden unserer Landwirtschaft untersucht oder schon mal davon gehört hat, wie Aluminium gewonnen wird, der spürt, dass in unserer Welt einiges im Argen liegt. Mit Nachhaltigkeit auf einem runden Planeten ohne Plan B hat unser tägliches Verhalten eher wenig zu tun. Nachhaltigkeit ist aber genau das Stichwort, wenn es darum geht, die Zukunft unserer Kinder zu gestalten. Der Begriff wird mittlerweile inflationär verwendet und auf verschiedenste Lebensbereiche angewendet. Wer ein Kind in die Welt setzt, für den bekommt aber gerade die ökologische Nachhaltigkeit als Lebensgrundlage von allem eine ganz besondere Bedeutung. So wie wir jetzt leben, verschieben wir unsere Probleme allenfalls auf übermorgen. Wir verschwenden Ressourcen, die für unsere Nachfahren immer knapper werden, wir roden jeglichen Urwald, der noch da ist, und verändern dauerhaft das Klima.

Meinen Planeten zu schützen und auf einem ökologisch verträglichen Niveau zu leben, ist mir schon lange ein inneres Bedürfnis, und umso mehr, seit ich ein eigenes Kind habe. Ich nehme mit Freude den einen oder anderen Verzicht in Kauf, damit mein Kind und dessen Kinder später weniger verzichten müssen. Das Stichwort »Enkeltauglich leben« bekommt eine vollkommen neue Dimension, wenn man tatsächlich anfängt, die Eltern unserer Enkel in die Welt zu setzen. Wir tragen eine ganz konkrete Verantwortung: die für unseren Nachwuchs.

## Geld

Zero Waste mit Baby muss aber nicht nur aus einem Pflichtgefühl heraus kommen. Wenn man immer nur »soll«, dann wird man rasch müde, vor allem wenn man umgeben ist von lauter Menschen, die nicht meinen, dass auch sie »sollten«. Zu wissen, welche Verantwortung wir tragen, ist wichtig. Im Alltag aber hilft es uns ungemein, uns auf die Dinge zu fokussieren, die uns ganz persönlich und genau jetzt einen Vorteil bringen. Einer dieser Vorteile ist ein finanzieller.

Während der Schwangerschaft frei werdende Zeit und frei werdender Raum werden heute ganz erfolgreich von der Werbeindustrie gefüllt. Durch deren Allgegenwärtigkeit und geschickte Manipulation verbringen wir unsere Zeit bis zur Geburt des Babys, oft aber auch danach, hauptsächlich damit, uns zu überlegen, was wir alles anschaffen könnten, um das Kind glücklich zu machen. So kommt es nicht nur zu einem riesigen Sortiment an praktischen Wegwerfutensilien, sondern auch dazu, dass Kinder richtig teuer werden. Eine Erstlingsausstattung für ein einziges Kind kostet in Deutschland durchschnittlich rund 5.000 Euro. Wenn das Kind aus der Uni raus ist, hat es eine gute Million auf dem Buckel. Ein Zero-Waste-Baby ist gerade in der Anfangszeit wesentlich günstiger. Allein das kann nicht nur für Geringverdiener, sondern für alle, die ihr Geld nicht gern zum Fenster hinauswerfen, ein guter Grund sein, dem Müllvermeidungsprinzip treu zu bleiben oder es sich überhaupt erst zu erschließen.

*In der ersten Phase der Schwangerschaft verließ ich mich, was notwendige Anschaffungen betraf, ganz auf meinen Mann Gregor. Er hatte bereits drei Kinder zu ziemlich beachtlichen jungen Frauen herangezogen und würde mir schon sagen, was wir bräuchten. Von ihm kam jedoch eher wenig. Hatte er vergessen, welche Herausforderungen es zu meistern galt? Hatte er keine Ahnung? Oder war er wirklich die Ruhe selbst in der wohligen Gewissheit, dass nach Zwillingen ein Kind ein Kinderspiel sei? Sicherlich war es ein bisschen von allem. Mir jedenfalls hat es die Ruhe und die Kraft verliehen, nicht wie verrückt Bücher und Zeitschriften zu verschlingen und zu recherchieren, was man wohl alles brauchen könnte. Und dann fehlte mir schlichtweg die Zeit, mir groß Gedanken über Anschaffungen für mein Kind zu machen. Im Nachhinein würde ich das als Vorteil bezeichnen.*

Wer so einen Ruhepol nicht zu Hause hat, dem möchte ich, auch wenn das Kinderkriegen neu ist, trotzdem empfehlen, mit Zeitschriften, Büchern und Werbung sparsam umzugehen. Man lässt sich so leicht verunsichern und Sachen aufschwatzen, die man schlichtweg nicht braucht. Keiner kann sich davon freimachen, selbst ich nicht. Je weniger wir uns damit beschäftigen, desto leichter fällt es uns, unseren Instinkten zu vertrauen und nicht der Massenmeinung.

## Zero Waste auch mit Baby

Die Frage, ob Zero Waste auch mit Baby möglich ist, stellte sich für mich gar nicht erst. Da ich bereits seit drei Jahren erfolgreich und glücklich mit Zero Waste lebte, sah ich keinen Grund, nun damit aufzuhören. So setzte ich mich nicht groß mit Dingen auseinander, die andere Eltern standardmäßig nutzen und wegschmeißen. Das Wissen darum, dass frühere Generationen und andere Gesellschaften ebenfalls ohne all diesen Kram auskamen und -kommen, gibt mir immer wieder Rückhalt.

Tatsächlich ist Zero Waste beim ersten Kind wesentlich einfacher als in all den Bereichen, die das Kind nicht betreffen. Denn dort haben sich ja bereits zahlreiche Gewohnheiten eingeschlichen und mit ihrer ganzen Trägheit niedergelassen, die sich meist nicht so leicht vertreiben lassen. Wer jedoch noch nie ein Kind bekommen hat, also gar nicht weiß, wie viel Müll man dabei erzeugen kann, der hat die große Chance, es gleich »richtig« zu machen und all diese Wegwerfartikel einfach wegzulassen. Umgewöhnungen sind hier nicht nötig, es ist sowieso alles neu und muss erst einmal gelernt werden. Der Zeitpunkt könnte besser also nicht sein.

Aber auch wer schon mitten drinsteckt im Konsumwahn der Babyindustrie, ist noch nicht verloren. *Zero Waste Baby* ist sowohl ein ideales Handbuch für werdende Eltern als auch für solche, die es bereits sind, ob nun mit oder ohne Zero-Waste-Erfahrung.

## Der perfekte Zeitpunkt

Bereits mit der Schwangerschaft beginnt eine Zeit der Ausnahmen, die mit nichts vergleichbar ist. Infolge der körperlichen Grenzen, die die Schwangerschaft gerade in ihrer Schlussphase mit sich bringt, und durch den Mutterschutz, den Arbeitnehmerinnen vor der Geburt genießen können, kehrt sehr viel Ruhe ein. Während man die körperlichen Veränderungen beobachtet, beginnt sich auch der Geist auf das neue Leben mit einer Person mehr im Haushalt einzustellen. Wir sind offen dafür, uns einer komplett neuen und unkontrollierten Situation hinzugeben. Deshalb ist gerade jetzt ein guter Moment, alte Verhaltensmuster aufzubrechen und das neue Leben gleich so zu beginnen, dass wir ihm die besten Zukunftschancen sichern. Anstatt die frei werdende Zeit in Konsumentscheidungen zu verschwenden, stecken wir sie doch lieber in dieses Buch, um herauszufinden, was wir auch nach der Geburt unseres Kindes alles nicht brauchen.

Der nächste perfekte Zeitpunkt ist direkt nach der Geburt. Man verbringt sehr viel Zeit zu Hause und konzentriert sich ganz auf die Familie und das Kind. Man hat Ruhe und Zeit und kann viel ausprobieren, gerade was die Windelfrage angeht.

Und dann beginnen viele Monate mit endlosen Stunden am Tag, in denen man nicht viel mehr machen kann und sollte, als da zu sein. Kleine Kinder brauchen nicht jeden Tag etwas aufregendes Neues. Ihnen reicht ein und derselbe Spielplatz aus. Sie genießen sogar die immer gleichen Routinen und fühlen sich bald auch an den allmählich vertrauten Plätzen ganz wie zu Hause. Wem das schnell langweilig wird, das sind die Eltern. Mir ging es ehrlich gesagt nicht anders. Deshalb habe ich auf dem Spielplatz immer eine spannende Lektüre dabei. Während mein Kind spielend die Welt entdeckt, nutze ich die Zeit, in der nichts anderes ansteht, und erweitere meinen Horizont. Es ist also wieder so ein perfekter Zeitpunkt für ein gutes Zero-Waste-Buch. In der Gegend umherschauen und das Gelesene zu verdauen ist quasi inklusive. Und zudem hält es einen davon ab, helikoptermäßig um das Kind herumzuschwirren und ihm zu erklären, wie man einen Spielplatz benutzt.

Das Leben, in das die Kinder hineinwachsen, ist für sie normal. Sie kennen nichts anderes und sind in der Regel glücklich und zufrieden mit dem, was ist. Bis sie beginnen, das zu hinterfragen, hat man ausreichend Zeit, ihnen den Rücken zu stärken und ihnen Rückgrat zu geben, dass es o.k. ist, nicht das zu tun, was alle anderen tun. Deshalb lohnt es sich, nicht lange zu warten und den Kindern schon früh eine höhere Wertschätzung all dessen, was ist, mit auf den Weg zu geben.

Je älter die Kinder sind, desto mehr Schwierigkeiten wird es ihnen bereiten, sich auf Neues und vor allem auf das Anderssein einzulassen – ganz so, wie es ja auch uns Erwachsenen Schwierigkeiten bereitet. Später etwas daran zu ändern, ist immer schwieriger, aber nie unmöglich.

Gerade mit Kindern ist der beste Zeitpunkt zum Anfangen immer genau: jetzt. Die Vorteile dieses Lebensstils kommen einem in jedem Lebensabschnitt zugute.

## Heute noch Kinder kriegen?

Ob man mit einem Baby müllfrei leben kann, ist eine Frage. Aber beginnt es nicht schon viel früher? Sollte man überhaupt einen weiteren Menschen in unsere überbevölkerte Welt setzen? Eine Welt, für die jeder zusätzliche Mensch eine Belastung bedeutet, eine Welt, die auf eine ungewisse Zukunft zusteuert, eine Zukunft, die ganz und gar keine rosigen Zeiten verspricht, wenn man sich Nachrichten anschaut und gewisse Bücher liest.

*Allein diese Fragestellung trieb mich lange um, und so wollte ich lange Zeit lieber ein Kind adoptieren als ein neues »produzieren«. In meiner Vorstellung gibt es schon genügend Kinder auf dieser Welt, die keine Familie ha-*

*ben und sich sicherlich über eine freuen würden. Die bürokratischen Hürden schreckten mich davon ab, aber vor allem zu erfahren, wie viel Schindluder auf diesem »Markt« getrieben wird. Letztlich war es wohl eine egoistische Entscheidung zu sagen: Ich möchte ein Kind haben. Es ist auch nicht anders mit dem Fliegen. Wenn alle so viel fliegen, warum sollte ich das nicht tun? Beim Fliegen ist mir der Verzicht bisher relativ leichtgefallen, beim Nachwuchs ganz und gar nicht. Hier wollte ich nicht verzichten. Aber auch hier ist es wie mit unserem Konsum insgesamt: Wenn alle weniger konsumieren, gibt es vielleicht gar kein Problem mehr.*

*Ich tröste mich also damit, dass ich (wobei: Sag niemals nie!) nur ein eigenes Kind möchte. Außerdem kann auch nur durch unseren Nachwuchs, der mit einem anderen, fortschrittlicheren Gedankengut und Wertekanon aufwächst, eine wirkliche Veränderung geschehen. Die Werte, die wir ihm vorleben, werden für ihn ein Stück weit zur Selbstverständlichkeit, mit der er auch sein Umfeld, seine Generation und die zukünftigen Generationen beeinflussen wird. Brauchen wir also nicht eigentlich noch viel mehr Zero-Waste-Babys?*

# Reduce – Reuse – Recycle …

Für alle, die sich erst jetzt mit dem Thema Zero Waste beschäftigen, kommt hier eine kurze Zusammenfassung der wesentlichen Inhalte. »Reduce, Reuse, Recycle« lautet die Formel, die das komplexe Thema auf seinen wesentlichen Kern herunterbricht. Ich habe sie um in meinen Augen essenzielle Punkte erweitert: »Refuse, Reduce, Reuse, Recycle, Rethink«. Was steckt dahinter?

## Refuse

Ablehnen bedeutet, Dinge, die man nicht braucht, die man nicht haben will oder die von minderwertiger Qualität sind, gar nicht erst anzunehmen. Ablehnen müssen wir sie, weil wir in einer Welt, in der alles Geld kostet, immer wieder Dinge geschenkt bekommen, häufig allein zu dem Zweck, Werbung zu transportieren. Gerade vor Kindern wird da kein Halt gemacht, und so drückt man munter Give-aways wie Luftballons, Bonbons und Notizblöcke in die kleinen Hände. Andere Dinge bekommen wir wie selbstverständlich zu unseren Mahlzeiten dazu: Servietten, Strohhalme, Rührstäbchen, Zuckertütchen, verpackte Kekse und immer häufiger auch eine Banderole um die Eistüte herum. All diese Dinge kann man leicht ablehnen, wenn man schnell genug ist. Auch kann man vorher nachfragen, wie denn das eine oder andere serviert wird, und solche Extras gleich im Vorfeld ablehnen. Denn alles, was einmal auf dem Tisch landet, muss nach Vorschrift auch entsorgt werden.

Beim Zahnarzt wird auch gern minderwertiges Spielzeug verschenkt, wenn die Kinder tapfer waren. Gerade wenn lustige Figuren oder Süßigkeiten angeboten werden, möchten die Kinder natürlich herzlich gern zugreifen. Um Diskussionen und heulende Kinder zu umgehen, kann man bereits davor dankend ablehnen, sodass das Kind es nicht mitbekommt. Deutlich schöner ist es, wenn die Kinder bereits ein solches Bewusstsein erlangt haben, dass sie selbstständig und von sich aus ablehnen, weil sie wissen, dass sie an diesen billigen Kleinteilen nicht lange Freude haben werden.

*Ich erinnere mich an ein Ereignis mit Gregors Zwillingen, als sie zehn Jahre alt waren. Wir gewannen als Familie einen Preis als fünftausendstes Mitglied im Kölner Alpenverein. Bei der Preisverleihung wurde jedem von uns eine Tüte mit allerhand leider wirklich minderwertigen Werbeartikeln in die Hand gedrückt. Mit drehte sich innerlich der Magen um. Wir nahmen die Gaben dankend an, besprachen aber im Nachhinein mit den Kindern, dass wir alles zurückgeben wollten, was wir nicht wirklich brauchen würden. Wir erklärten ihnen, warum, überließen die Entscheidung aber ihnen. Bis auf eine Tasse und eine Trinkflasche ging also alles andere ohne Beschwerden wieder zurück. Ich war sehr stolz auf die Kinder, die hier eine weise Entscheidung getroffen hatten. Eine weitere Lektion wurde gelernt, als die Trinkflasche wenige Tage später kaputtging.*

Mit Kindern muss es also nicht darauf hinauslaufen, gar nichts mehr anzunehmen. Vielmehr gilt es, sich seiner Wahlmöglichkeiten bewusst zu werden. Die Kinder müssen verstehen, dass sie die Wahl haben, anzunehmen oder eben abzulehnen, wenn sie etwas nicht brauchen und es zu Hause ohnehin nur die Schubladen und das Kinderzimmer verstopfen würde. Wer ablehnt, der hinterlässt immer ein Zeichen – gerade wenn Kinder das tun.

*Refuse* bedeutet aber auch, Verpackungsmüll nicht zu akzeptieren, sondern von vornherein abzulehnen, wo es nur geht, egal ob Plastik, Papier oder Glas. Denn alle Materialien müssen unter Energieaufwand hergestellt und transportiert werden. Vermeidbare Verpackungen haben mit ihrer geringen Lebensdauer keine wirkliche Berechtigung.

## Reduce

Der wichtigste Punkt von Zero Waste ist aber die Reduzierung. Das meint nicht nur Müll, sondern Konsum und Verschwendung im Allgemeinen. Denn nicht nur die Verpackung unserer Produkte wird zunehmend zum Problem für unser Ökosystem, sondern vor allem der Inhalt. Wir produzieren zu viel, leben über unsere Verhältnisse, nutzen mehr, als unsere Welt reproduzieren kann, und verschwenden dabei auch noch eine ganze Menge. So besteht unser Müll nicht nur aus Plastiktüten, sondern auch aus Papier, essbaren Lebensmitteln und Konsumgütern wie Kleidung, Möbel, Elektronik, Vasen und Kugelschreiber. Ein wirklich nachhaltiges Leben ist nicht möglich, indem wir einfach ökologische Produkte in gleichem Maße weiter kaufen, sondern nur dann, wenn wir unseren Verbrauch reduzieren und auf kleinerem Fuß leben. Das Problem unserer Produktion ist, dass sie, egal wie ökologisch sie auch gestaltet sein mag, immer Energie, (endliche) Ressourcen, Chemikalien und Transportwege erforderlich macht. Wir brauchen Geld, um die Dinge zu bezahlen. Irgendwann gehen sie kaputt und müssen entsorgt werden. Dabei fällt wieder Energie an, und wieder ist Transport notwendig. Energie kann bisher nur zu einem gewissen Grad aus erneuerbaren Energien gewonnen werden, Kohle- und Atomkraftwerke werden nicht geschlossen, weil wir schlichtweg zu viel Energie verbrauchen. Ressourcen sind nur in begrenztem Maße verfügbar, auch wenn manche Vorräte im Moment noch groß zu sein scheinen. Gerade wenn wir sie achtlos in unseren Müllverbrennungsanlagen entsorgen, sind sie für immer verloren. Schon jetzt gibt es genügend Konflikte auf der Welt, die sich um die knappen endlichen Rohstoffe drehen. Aber auch nachwachsende Rohstoffe brauchen Zeit und Platz, um sich zu reproduzieren. Ist der Verbrauch zu hoch, kommt die Natur nicht hinterher, und es folgt ein nicht nachhaltiger Raubbau.

Erfreulicherweise ist die Reduktion nicht zwangsläufig an Verzicht, Leid und Askese gekoppelt. Natürlich handelt es sich um Verzicht, wenn man ganz bewusst etwas, was man haben könnte, ablehnt oder nicht erwirbt. Wer diesen Weg aus freien Schritten geht und dabei den eigenen Idealen folgt, für den steht aber nicht der Verzicht im Vordergrund, sondern die vielen positiven Nebeneffekte, die er mit sich bringt. Gerade was das Leben mit Kindern angeht, kann die bewusste Reduktion ein wahrer Zugewinn sein.

Da das Leben mit Kindern sowieso schon kostenintensiver wird, ist eine Reduktion hier, mehr noch als für Kinderlose, die große Chance, sich mehr Freiheit zu gönnen. Viele Menschen reduzieren ihre Arbeitszeit, gerade wenn sie Nachwuchs bekommen, um die ersten Jahre so intensiv wie möglich erleben zu können. Viele hinterfragen plötzlich auch die Sinnhaftigkeit ihrer täglichen Arbeit. Wer ein Kind bekommt, der fokussiert sich meist sehr intensiv darauf, worauf es im Leben ankommt. Für die meisten Menschen sind es am Ende eben doch keine Zahlen in Computern oder auf Konten, sondern ganz weltliche Dinge wie das Lächeln eines Kindes, wenn es morgens die Augen aufschlägt. Leider entscheiden sich zu viele aber auch dagegen, mehr Zeit mit der Familie als im Büro zu verbringen – aus finanziellen Gründen. Wer weniger konsumiert, der lebt immer günstiger und hat damit eben auch mehr Möglichkeiten, sich andere Arbeitszeiten zu gönnen oder eine vollkommen neue Tätigkeit auszuprobieren, auch wenn sie nicht so gut bezahlt ist. Oder es besteht damit endlich die Möglichkeit, eine ehrenamtliche Tätigkeit auszuüben. Auch wenn das erst mal nebensächlich erscheint, so ist es doch oft ein solches Engagement, das uns mit höchster Zufriedenheit erfüllt.

Ein weiterer positiver Nebeneffekt, der mit Sparsamkeit einhergeht, ist die Wertschätzung von all dem, was wir bereits haben. Während unsere Gesellschaft heute ohne Hemmungen alles wegschmeißt und ohne Umschweife ersetzt, was beschädigt, veraltet oder out ist, verlieren wir und mit uns auch unsere Kinder den wahren Wert, der dahintersteckt. Wie viel Energie, wie viele Ressourcen und wie viel Arbeit stecken in einem T-Shirt, einem Liter Milch, einer Kerze, einem Blatt Papier? Wir haben jegliches Gefühl dafür verloren, weil wir alles so billig kaufen können. Der Preis, den die Fabrikarbeiter, die Tiere und die Umwelt dafür zahlen, ist uns nicht bewusst, weil er nicht draufsteht. Wer gezielt weniger für sich produzieren lässt, der wird nicht nur seine eigene Wertschätzung für die Dinge, die wir haben, erhöhen, sondern auch die der Kinder, und sie damit dauerhaft prägen.

## Reuse

Der zweitwichtigste Aspekt ist das Verlängern der Lebensdauer und die Intensivierung der Nutzung von allem, was es bereits gibt. Dadurch ist es möglich, die Produktion von neuen Gütern stark zu drosseln und auf ein ökologisch vertretbares Maß zu senken. Im Klartext bedeutet das, Güter gebraucht zu kaufen und, wenn sie nicht mehr gebraucht werden, nicht immer Keller zu bunkern, sondern sie zu verkaufen oder gar zu verschenken. So viele Güter sind bereits im Umlauf, dass Neuanschaffungen meist gar keinen Sinn ergeben. Wenn man sieht, wie voll die Altkleidersammlungen sind und wie häufig Sperrmüll vor der Tür steht, der alles andere als nach Müll aussieht, dann bekommt man ein Gefühl dafür.

Gerade für ein Leben mit Kindern bietet sich dieser Gedanke an. Neben der finanziellen Einsparung ist der gesundheitliche Aspekt nicht zu vernachlässigen. Denn neue Kleidung enthält, wenn sie nicht biologisch hergestellt ist, Schadstoffe, die über die Haut aufgenommen werden. Abgesehen davon, dass ich nie empfehlen würde, konventionelle Kleidung zu kaufen, waschen sich die Schadstoffe immerhin nach längerem Gebrauch aus. Wer sich neue Biokleidung nicht leisten kann, der tut seinem Kind und auch sich selbst einen Gefallen, wenn er Gebrauchtes kauft.

Ohnehin ist es Kindern vollkommen egal, ob das, was sie nutzen und tragen, gebraucht ist. Sie merken es meist gar nicht. Gerade Babys und Kleinkindern ist es auch vollkommen egal, welche Farbe und Form ihre Sachen haben, geschweige denn, ob sie Flecken oder Gebrauchsspuren aufweisen.

Zu *Reuse* gehört auch, kaputte oder beschädigte Gegenstände zu reparieren oder zu flicken. Das ist für Kinder nicht nur mit einem großen Lerneffekt verbunden, sie haben meist auch viel Spaß daran, Dinge aufzuschrauben und deren Funktionsweise zu ergründen.

## Recycle

Recycling ist ebenfalls ein sehr wichtiger Punkt, aber er wird hier ganz bewusst erst an dritter Stelle genannt, weil die ersten beiden Aspekte immer wichtiger sind. Das liegt zum einen daran, dass das Recycling beim besten Willen nicht so ergiebig ist, wie wir es uns wünschen. Der Gelbe Sack erreicht bisher eine Recyclingquote von 25 Prozent. Das Meiste, das darin landet, wird verbrannt, denn Kunststoff kann nur dann recycelt werden, wenn er sortenrein und in ausreichender Menge vorhanden ist. Für die meisten Kunststoffsorten trifft allein schon Letzteres nicht zu, weil es so viele verschiedene gibt. Außerdem werden immer häufiger unterschiedliche Materialien miteinander verbunden, die sich später nicht mehr trennen lassen oder bei denen dies schlichtweg zu teuer ist. Papier ist zwar deutlich besser, kann aber nur ein paar Mal recycelt werden und nimmt in der Qualität ab, weil es mit schädlichen Druckfarben kontaminiert ist. Auch Glas und Aluminium, die, richtig getrennt, theoretisch zu 100 Prozent recycelt werden können, erreichen diesen Wert in der Praxis nicht.

Zum anderen liegt es aber auch daran, dass Recycling stets mit einem zusätzlichen Ressourcenbedarf, Transport, Energieaufwand und eben mit Verlusten verbunden ist. Deshalb steht es erst an dritter Stelle. Trotzdem ist es wichtig, um die bereits genutzten Ressourcen nicht für immer zu vernichten, wie dies bei der Verbrennung der Fall ist. Nur so können die bereits verarbeiteten Rohstoffe weiterhin zur Verfügung stehen und kann die Förderung neuer Rohstoffe gedrosselt werden. Das erfordert von uns aber das akkurate Trennen unseres Mülls nicht nur nach Mülleimer, sondern auch nach Stofflichkeit. Also zum Beispiel den Deckel immer vom Joghurtbecher abreißen, bevor man beides in den gleichen Mülleimer schmeißt.

Zusätzlich sollten wir auch schon beim Kauf auf die Recyclingfähigkeit achten, also darauf, ob die Möglichkeit besteht, die Dinge auseinanderzuschrauben und nach Materialien zu trennen. Wenige Hersteller berücksichtigen diesen Aspekt bisher. So werden Handys und elektrische Zahnbürsten oft so gebaut, dass man nicht einmal den Akku wechseln kann. Es gibt aber auch einige erfreuliche Ansätze, wie das Fair Phone, das genau diese Eigenschaft besitzt. Das Cradle-to-Cradle-Siegel zertifiziert Produkte genau unter diesem Gesichtspunkt und hilft dem Konsumenten bei der Auswahl. Aber auch hier muss immer genau hingeschaut werden, was wirklich zertifiziert ist.

Eine eigene Form des Recyclings ist das Kompostieren. Hier haben wir ein natürliches Kreislaufsystem, und es muss für den Prozess keine Energie hinzugefügt werden. Für Kompostieranlagen stimmt das natürlich nicht mehr, weshalb es trotz Biotonne durchaus Sinn macht, wenn möglich auch selbst zu kompostieren. Der hohe Transportaufwand fällt weg, dafür erhält man herrlich fruchtbare Pflanzenerde. Deshalb sollte man natürliche und damit biologisch abbaubare Stoffe bevorzugen. Viele Dinge, die es aus Kunststoff gibt, gibt es eben auch noch aus Holz, Bambus, Papier oder Pappe – und Kleidung zum Beispiel aus Baumwolle, Leinen oder Brennnesselfasern.

## Rethink

Für mich ist dieser letzte Punkt so wichtig, weil Zero Waste so viel mehr ist als bloße Müllreduktion. Es ist die Chance, alle Glaubenssätze, Gewohnheiten und gesellschaftlichen Normen zu überdenken und herauszufinden, was für einen selbst wirklich zählt und welches Leben man leben möchte.

Gerade mit Kindern bekommt *Rethink* eine besondere Bedeutung, denn das Kinderkriegen ist ungleich mehr von all diesen Normen geprägt. Das fängt schon damit an, wann man verraten darf, dass man schwanger ist und wie das Kind heißen soll. Diese relativ harmlosen Beispiele sind nur der Anfang von Engstirnigkeit und einer unglaublichen Materialschlacht bei der Versorgung des Kindes.

Ich möchte euch dazu einladen, wieder mehr auf eure innere Stimme zu hören, auf die eigenen Instinkte, die einem bei genauem Hinhören so viele Fragen von selbst beantworten und sich dabei deutlich stimmiger anfühlen als ein »Das macht man so«. Braucht mein Kind ein Fläschchen? Wie viel Kuhmilch ist wirklich gut? Ab wann kaufe ich Süßigkeiten für mein Kind? Brauchen Babys überhaupt eine Windel? Gehören zu einem richtigen Weihnachtsfest Geschenke? Was bedeutet Nächstenliebe wirklich? Tue ich meinem Kind einen Gefallen, wenn ich es mit Konsumgütern überhäufe? *Rethink* bietet die große Chance, sich diese und unzählige andere Fragen für sich selbst neu zu stellen und neu zu beantworten. Von nun an gibt es immer eine weitere Chance, Dinge anders zu machen als gestern.

Ich kann es gar nicht oft genug betonen: Zero Waste macht das Leben weder komplizierter noch anstrengender und schon gar nicht teurer, ganz im Gegenteil. Es bedeutet ein einfaches Leben in Zufriedenheit mit dem, was ist, und dem, was man hat. Das stetige Streben nach mehr, nach anderem, nach Besserem verschwindet mit der Zeit. Im Geist kehrt Ruhe ein, und neue Kraft wird frei für die Beschäftigung mit Dingen, die uns wirklich und dauerhaft glücklich machen. Anfängliche finanzielle Investitionen in dauerhafte Produkte amortisieren sich schnell. Gebraucht kaufen, reduzieren und reparieren machen sich auf dem Konto schnell bemerkbar. Die Umstellungsphase von einem »normalen« Leben zu Zero Waste kann aufregend und anstrengend sein. Wer den Weg mit der nötigen Gelassenheit geht und akzeptiert, dass dabei nicht immer alles perfekt sein muss, der bleibt entspannt und macht trotzdem laufend Fortschritte. Was bleibt, sind weniger Stress um Konsum und Etikette und häufig auch mehr Zeit – zum Beispiel für den Nachwuchs.

# Vor der Geburt

Krankenhäuser mochte ich noch nie sonderlich und konnte einen längeren stationären Aufenthalt bisher glücklicherweise vermeiden. Auch beschlich mich das Gefühl, dass Geburten zunehmend dramatisiert und zu medizinischen Notfällen erklärt werden, obwohl sie das Natürlichste der Welt sein sollten. Kaiserschnitte werden terminiert, Steißgeburten komplett abgesagt, und alle zwei Stunden wird ein neues EKG gemacht. Ich wollte eine möglichst natürliche Vorsorge und eine möglichst unaufgeregte Geburt mit so wenig medizinischem Aufwand wie nötig. Ganz so, wie gewünscht, sollte es dann aber doch nicht werden.

## Vorsorge

Mit der Bekanntgabe der Schwangerschaft gerät man geradezu automatisch in die Maschinerie von Untersuchungen und Anschaffungen aller Art. Gearbeitet wird vor allem mit der Angst davor, was alles passieren könnte, und mit Schuldgefühlen, dem neuen Leben nicht das Beste zu geben.

> *So wurde ich regelmäßig für Untersuchungen eingeplant, deren Sinn ich nicht im Geringsten nachvollziehen konnte. Die Empfehlung des Kölner Geburtshauses rannte daher bei mir offene Türen ein. Der Ansatz von Geburtshäusern und vielen Hebammen besteht darin, dass eine Geburt ganz natürlich ist und nicht standardmäßig als Risiko eingestuft werden sollte. Ich hatte Glück und konnte einen der raren Plätze ergattern. Meine Hebamme half mir dabei, die Sinnhaftigkeit solcher Untersuchungen immer wieder einzuordnen, und*

*gab mir die Sicherheit, vor meinem Frauenarzt standhaft zu äußern, welche ich wirklich machen wollte und welche eben nicht.*

*Ich entschied mich für das absolute Minimum, ersparte uns einige Ultraschalls und EKGs und machte die Vorsorgen hauptsächlich bei der Hebamme. Sie hatte bereits unzählige Babys gesund auf die Welt gebracht und ertastete mit ihren Händen Position, Größe und Gewicht des Kindes. Das gab mir unglaubliches Vertrauen. Den Herzschlag prüfte sie mittels eines akustischen Ultraschalls. Die Herztöne so laut schlagen zu hören, trieb mir Tränen in die Augen, wie es kein Bild der Welt vermocht hätte.*

Ich entschied mich für die Minimalversion nicht nur, weil ich mir damit Arbeit ersparte und wahrscheinlich auch jede Menge Panik, sondern auch, weil das Weglassen von Unnötigem der Kerngedanke von Zero Waste ist. Wer weglässt, der erspart sich Arbeit, gerade im Fall der Gesundheit aber auch jede Menge Kosten. Der Luxus der gesetzlichen Krankenversicherung ist, dass alles bezahlt wird – das Manko ist, dass wir keinerlei Gefühl mehr dafür haben, was unsere Gesundheitsleistungen kosten. Wir bezahlen sie zwar nicht direkt, indirekt dafür umso mehr, nämlich über unsere monatlichen Versicherungsbeiträge. Wenn wir dem System Kosten ersparen, merken wir das natürlich nicht direkt in unserem Portemonnaie, entlasten aber unsere Gesellschaft und machen so Mittel frei, deren Einsatz an anderer Stelle deutlich wichtiger ist.

Für mich bedeutete das nicht, wichtige Untersuchungen wegzulassen, sondern lediglich solche, die ich mit Unterstützung meiner Hebamme als unwichtig empfand.

Meine ganz persönliche Vorsorgeempfehlung ist die, auch in der Schwangerschaft im Rahmen der Möglichkeiten fit zu bleiben und einen passenden Sport zu betreiben. Bei der Geburt wird so viel Kraft benötigt, dass uns jedes bisschen Muskel nur von Vorteil sein kann.

## Die Wahl der Hebamme

Die Wahl der Hebamme kann den »Einstieg« in ein verschwendungsärmeres Baby stark beeinflussen. *Auch hier hatten wir wieder Glück, denn unsere Hebamme konnte unseren Lebensstil gut nachfühlen, war all dem gegenüber sehr offen, und sie kannte sich sowohl mit Stoffwindeln als auch mit Windelfrei aus und bestärkte uns sogar darin, es auszuprobieren. Anstatt die regelmäßige Urinprobe in einen Plastikbecher abzugeben, erlaubte sie mir ganz von sich aus, einfach direkt auf den Indikatorstreifen zu pinkeln. Ich war entzückt.* Wer keine so mitdenkende Hebamme ergattert, der kann das von sich aus vorschlagen oder im Falle einer Absage einfach selbst einen Becher mitbringen und ihn nach der Behandlung spülen. Und wer zur Vorsorge ein kleines Handtuch einpackt, der kann zudem jede Menge Einwegtücher einsparen, um das Gel nach dem Ultraschall vom Bauch abzuwischen.

Gerade wer verunsichert im Wochenbett liegt, wird von seiner Hebamme wesentlich unterstützt und beeinflusst. Wenn sie sich mit Windelfrei auskennt, wird der Einstieg deutlich einfacher. Leider gibt es nicht mehr viele Hebammen, die dieses neue, im Grunde aber alte Wissen haben. Deshalb ist ein solches Buch nicht nur für junge Eltern interessant, sondern gerade auch für Hebammen.

## Nichts läuft wie geplant

*Gegen Ende meiner Schwangerschaft zeichnete sich immer deutlicher ab, dass mir die unkomplizierte Geburt nicht vergönnt sein würde. Das Baby lag schon Wochen vor dem errechneten Geburtstermin unbeweglich mit dem Po nach unten. Eine Drehung war nicht mehr abzusehen. Eine Steißgeburt ist zwar kein Ausschlusskriterium für eine natürliche Geburt, für das Geburtshaus aber schon. Deshalb entschied ich mich für eine äußere Wendung. Nach dem Informationsgespräch sollte ich gleich dableiben, um am nächsten Morgen direkt mit dem Versuch zu starten. Meine Schwangerschaft war schon weit fortgeschritten, und jeder weitere Tag konnte die Wahrscheinlichkeit für einen erfolgreichen Versuch schmälern. Leider lief es nicht wie erhofft. Das Baby hatte sich in der Nacht so sehr abgesenkt, dass eine Drehung nicht mehr möglich war. Der misslungene Versuch stimmte mich sehr traurig. Nun hatte ich mich schon dieser Tortur unterzogen, die so gar nicht meinem Naturell entspricht: irgendwelche Medikamente, die absolut gruseliges Herzrasen verursachten, Nadeln, EKGs, Tropf, Schmerzen, zwei Tage Krankenhausaufenthalt, und das alles ohne Not. Und trotzdem sollte mir das entspannte Geburtshaus verwehrt bleiben. Ich hatte mich so sehr daran festgeklammert, dass ich meinem Gefühl nicht mehr vertraute und all das auf mich nahm. Spätestens nach der Geburt sollte ich jedoch verstehen, warum mein Kind alles gegen eine reine Hebammengeburt gegeben hatte.*

## Drei Babys auf einmal

*Bedingt durch meine mangelnde Frustrationstoleranz kündigte ich im Herbst 2015 meinen damaligen Job im Architekturbüro ein zweites Mal, kurz bevor ich erfuhr, dass ich schwanger war. Dumm? Vielleicht. Vielleicht aber auch mutig. Mein Leben nicht mit für mich unsinnigen Tätigkeiten zu verschwenden war mir mittlerweile sehr wichtig geworden. Vielleicht auch deshalb, weil ich erst so spät damit angefangen habe.*

*Bevor das Kind zur Welt kam, hatte ich zwar keinen festen Job mehr, dafür aber mehr als genug zu tun. Der Abgabetermin für mein erstes Buch rückte näher, unser Onlineshop für Zero-Waste-Spezialprodukte ging an den Start, und plötzlich hatte ich auch noch ein Crowdfunding an der Backe, das versuchte, 48.000 Euro zusammenzubekommen, um Kölns 1. Unverpackt-Laden zu eröffnen. So richtig durchdacht war das alles nicht – zum Glück, denn sonst hätten wir es wahrscheinlich bleiben lassen. Die Ereignisse überholten sich einfach selbst, und keine Chance wollte einfach so vertan werden. Als der Onlineshop Anfang 2016 langsam anlief, bestand unsere Wohnung nur noch aus Büro, Onlineshop (inkl. 5.000 Stülpkartons) sowie einer Vielzahl an 25-Kilo-Lebensmittelsäcken für unsere Einkaufsgemeinschaft. Wir hatten keine Lust mehr und wollten unsere Wohnung wiederhaben. Zu unserer großen Überraschung wurde Anfang des Jahres bereits das Ladenlokal einer alteingesessenen Bäckerei schräg gegenüber unserer Wohnung frei. Gregor überlegte nicht lange, machte einen Besichtigungstermin und schickte die Bewerbungsunterlagen mit unserem Konzept ab. Büro und Onlineshop sollten dort einziehen und natürlich die Einkaufsgemeinschaft. Mit ein paar untervermieteten Räumen oder Schreibtischen und Mitgliedsbeiträgen würden wir die Kosten schon decken.*

*Mitten in unserem letzten Urlaub ohne Kind, in den Osterferien 2016, kam der Anruf der Wohnungsgenossenschaft: Ihr habt den Laden! Wow! Cool! Also mussten wir die Nummer wohl durchziehen. Den Rest des Urlaubs schliefen wir deutlich unruhiger, als es durch meinen dicken Bauch und die harte Matratze ohnehin schon der Fall war.*

*Wir unterschrieben den Vertrag Anfang Juni; mein ausgerechneter Geburtstermin war der 9. Juni. Je näher die Zeit rückte, desto klarer wurde: Das wird weder nur eine Einkaufsgemeinschaft, in der wir weiterhin aus Säcken schöpfen, noch können wir dieses zweite Baby allein stemmen.*

*Im Mai überlegten wir, wer infrage käme, bei uns einzusteigen. Wir erinnerten uns an eine motivierte junge Frau aus einem unserer bisherigen Workshops, die damals hatte verlauten lassen, sie sei ebenfalls auf der Suche nach einer sinnstiftenden Tätigkeit. Eine kurze SMS später verkündete Dinah, mit am Start zu sein. Und sie war es. Lange bevor wir ihr ein Gehalt zahlen, ihr einen Vertrag geben oder sonstige Sicherheiten bieten konnten, steckte sie all ihre Zeit und Energie in das Projekt – in Kölns 1. Unverpackt-Laden. Für uns war sie wie ein Engel, der vom Himmel fiel. Jetzt fehlte nur noch Geld. Keiner von uns hatte welches, und die grob überschlagenen Kosten für einen winzig kleinen Unverpackt-Laden erschlugen uns fast.*

*Wieder war es dem Zufall und Dinahs Engagement zu verdanken, dass wir an einem Übungsworkshop zu Crowdfunding teilnehmen konnten. Wir packten unsere Sachen, legten mich in mittlerweile fortgeschrittener Schwangerschaft auf die Rückbank des Autos und fuhren für ein Wochenende nach Berlin.*

*Euphorisiert und voller Tatendrang starteten wir am 1. Juni das Crowdfunding mit einem Monat Laufzeit. Wer schon mal hinter die Kulissen einer solchen Aktion geblickt hat, der weiß, das ist kein geschenktes Geld. Vierundzwanzig Stunden am Tag bangen, bibbern, alle Social-Media-Kanäle und sämtliche Tricks anzapfen, auf die Straße gehen, Messen besuchen, Flyer verteilen und uns um Kopf und Kragen quasseln, all das mussten wir auch erst einmal lernen. Als genau zur Halbzeit, am 14. Juni, endlich das Baby kam, war ich geradezu erleichtert, die kommenden Termine und Promotiontouren einfach ausfallen lassen zu können. Dinah und Gregor und ein Haufen ehrenamtlicher Helfer gaben weiter Gas bis zum Schluss, und so holten wir auf der Zielgerade fast 50.000 Euro. Nach Abzug aller Steuern, Geschenke und Provisionen sollte uns der Betrag für den Anfang ausreichen. Ein halbes Jahr später konnte Kölns 1. Unverpackt-Laden „Tante Olga" endlich seine Pforten öffnen.*

*Alles, was ich vor der Geburt in diesem Trubel für unser Kind organisiert hatte, war ein Satz gebrauchter Stoffwindeln und ein Tragetuch. Einen Kinderwagen und haufenweise Klamotten bekamen wir glücklicherweise von Freunden geschenkt.*

Was bei uns aus der Not heraus geboren war, hat sich tatsächlich als glückliche Fügung erwiesen. Die mangelnde Zeit, die ich hatte, mich mit Anschaffungen zu beschäftigen, hielt mich davon ab, lauter Zeug zu kaufen, das Babys angeblich brauchen. So viel Trubel möchte ich nicht unbedingt weiterempfehlen, die sparsame Beschäftigung mit Konsumentscheidungen allerdings schon.

## Babygeschenke

Geschenke lösen bei mir eine ganz besondere Nervosität aus. Je länger ich darüber nachdenke, davon erzähle und darüber schreibe, desto mehr wird mir das ganze Ausmaß des komplexen Themas bewusst.

Viele Geschenke gefallen nicht wirklich, werden nicht gebraucht oder entsprechen nicht meinen ethischen und ökologischen Grundsätzen. Gebraucht gekauft sind sie auch eher selten. Nicht nur, dass hier etwas für mich produziert wurde, was ich gar nicht haben möchte, Geschenke bieten zudem so viel Raum für Enttäuschung und Frust. Selbst wenn sie einem nicht gefallen, muss man vorspielen, es wäre so. Weggeben kann man sie auch nur schwer, gerade wenn sie von jemandem kommen, der einem als Person viel bedeutet.

In unserer Gesellschaft gehören Geschenke aber zum guten Ton, vor allem bei der Geburt. Dann werden frische Eltern von allen Seiten mit süßen Babyartikeln überhäuft. Wenn sie irgendetwas davon wirklich brauchen und haben wollen, ist das toll. Häufig sind es aber Sachen, von denen sowieso schon viel zu viel im Schrank liegt. Und gerade wenn man Wert auf gewisse Grundsätze legt, wird man mit Dingen überhäuft, die man selbst nie kaufen würde.

Deshalb bezog sich eine der wenigen Vorbereitungen, die ich vor der Geburt traf, auf die absehbaren Geschenke. Wer ebenfalls lieber weniger als mehr Geschenke zur Geburt erhalten möchte, der kann Freunde und Bekannte am besten per Sammel-E-Mail informieren. Darin sollte man sowohl formulieren, dass man keine Sachgeschenke oder allenfalls gebrauchte wünscht, als auch kurz und knapp erklären, warum man dies tut. Gerade bei der engeren Verwandtschaft kann jedoch ein persönliches Gespräch oft sinnvoller sein. Vielleicht klappt die Kommunikation via E-Mail noch nicht so richtig, möglicherweise verlangt es aber die Ernsthaftigkeit der Angelegenheit auch, dass der Wunsch deutlicher unterstrichen wird.

So wie bei allen Geschenksituationen sollte man sich auch hier in die Situation der Schenkenden hineinversetzen. Menschen schenken nämlich nicht nur, um dem Beschenkten eine Freude zu machen. Einerseits bereitet es ihnen auch selbst eine Freude, andererseits ist es eine gesellschaftliche Norm, die stärker sein kann als jede Bitte des Empfängers. Deshalb empfiehlt es sich, Alternativen anzubieten. Alternative Geschenkideen sind vor allem solche, die nicht stofflicher Natur sind, sondern Zeit und Anwesenheit erfordern und genau deshalb in unserer heutigen Zeit ungleich wertvoller sind.

Wer gerade ein Kind bekommen hat, der freut sich am meisten über tatkräftige Unterstützung zu Hause:

- Essen machen *(Das schönste Geschenk kam für mich in jener Zeit von unserer Nachbarin, die uns eine Lasagne für sechs Personen auf den Tisch stellte und sich mit einem »Guten Appetit« verabschiedete.)*
- Wer zum Babygucken vorbeikommt, der sollte statt Stramplern lieber etwas Leckeres zu essen mitbringen – am besten selbst gekocht. Auch eingefrorene Gerichte sind sinnvoll, die bei Bedarf aufgetaut werden können.

- Wäsche waschen
- die Wohnung aufräumen
- einkaufen gehen
- abspülen
- das Kind eine Weile schaukeln oder um den Block tragen, um den Eltern eine Pause zu gönnen
- Sind bereits ältere Kinder im Haushalt, ist es auch eine große Entlastung, wenn sie versorgt oder unterhalten werden.
- Für Menschen, die gern basteln, ist ein Upcycling-Mobile ein willkommenes Geschenk (siehe Kapitel Spielzeug).

Auch für später gibt es viele tolle Geschenkideen, die keinen Müll hinterlassen:

- ein Babymassagekurs
- eine Massage für Mama
- eine Trageberatung
- ein Baby-Kurs (Pekip, das erste Jahr … am besten in Absprache mit den Eltern)
- ein Erste-Hilfe-Kurs mit Baby
- ein Kurs, um nähen oder stricken zu lernen
- einen Abend oder ein paar Stunden lang babysitten
- mit dem Kind spazieren gehen
- Wer andere werdende Eltern beschenken möchte, die sich von allein an alternative Windelsysteme nicht herantrauen, dann ist eine Stoffwindel oder ein Windelfrei-Workshop eine tolle Idee.

Wenn man seinen Verwandten und Bekannten solche Alternativen nennt, ist es für sie deutlich einfacher, keine Sachgeschenke zu machen. Und gibt es welche, für die das trotzdem nicht infrage kommt, können dann eben doch konkrete Wünsche zu Sachen geäußert werden, die man wirklich braucht. Auf konkrete Anzeigen auf E-Bay Kleinanzeigen zu verwiesen, erhöht die Chance, dass diese Dinge dann sogar gebraucht angeschafft werden. Wer mit Secondhandstrukturen und den Werten, die dahinterstehen, nicht vertraut ist, der ist für entsprechende Tipps und etwas Unterstützung gewiss dankbar.

Wirklich tolle Geschenke sind aber solche, die aus dem Fundus der eigenen Kinder (mit deren Zusammenarbeit) aussortiert und verschenkt werden. Das Geschenk ist gebraucht, erprobt und geliebt. Das kann ein neuer Gegenstand nicht bieten.

Gerade für Großeltern ist auch ein Konto eine mögliche Alternative, auf das sie immer einzahlen können, wenn sie etwas geben möchten.

Trotz all der Alternativen bleiben Geschenke ein unvermeidbares »Problem«, das auf junge Eltern zukommen wird. Damit umzugehen ist immer ein ganz individueller Vorgang zwischen Schenkendem und Beschenktem, der oft auch vieler intensiver Gespräche bedarf, bis sich Besserung einstellt. Ein gewisses Maß an Verständnis für beide Seiten ist dabei sehr hilfreich. Mittlerweile habe ich kein Problem mehr damit, gewisse Geschenke abzulehnen, und andere Sachen verschenke ich weiter.

Wenn das alles nichts hilft oder ihr euch gar über ein paar Gegenstände freuen würdet, so verweist auf das, was ihr wirklich braucht, oder auf nachhaltige Spielzeuganbieter wie *Naturata Spiel & Kleid* oder *greenstories.de*.

## Umstandskleidung

Für den besonderen Umstand der Schwangerschaft ist besondere Kleidung vonnöten, weil sich die Körperform doch erheblich verändert. Da dieser Zustand nicht viel mehr als neun Monate anhält und bald danach wieder Normalität einkehrt, ist es gerade bei dieser Kleidung nicht sinnvoll, sie neu zu kaufen und zu Hause zu lagern, bis die Motten sie zerfressen haben. Gerade solche Kurzzeitkleidung kann man günstig und in gutem Zustand gebraucht kaufen und auch wieder verkaufen. So muss nicht für jede Schwangere auf der Welt extra Schwangerschaftskleidung produziert werden.

Wer mehrere Kinder bekommen möchte, der wird seine Umstandsklamotten sicher nicht gleich nach ihrem ersten Einsatz weggeben wollen. Eine gute Alternative ist es, sie an schwangere Freundinnen zu verleihen. Auch ich hatte das große Glück, dass unsere Nachbarin sich noch nicht ganz dazu durchgerungen hatte, einen Schlussstrich unter das Thema zu ziehen. Nach neun Monaten bekam sie ihre Sachen zurück.

## Minimalistisch kleiden

Gerade bei Umstandskleidung, die nur wenige Monate getragen wird, kann man sich auch als Mutter wunderbar mit einem minimalistischen Kleiderschrank auseinandersetzen, der einem das Leben in vielen Punkten erleichtert. Weniger Kleidung bedeutet nicht Verzicht, sondern vor allem

- weniger Kosten, weil weniger gekauft wird,
- weniger Zeitaufwand beim Suchen passender Outfits im Kleiderschrank,
- weniger Zeitaufwand beim Suchen nach neuen Outfits im Laden,
- weniger Mangel, weil man schon alles hat und gar nichts Neues braucht,
- weniger Verschwendung, weil die Klamotten nicht die meiste Zeit im Schrank liegen, sondern intensiv genutzt werden,
- weniger Stress, weil man nur noch Lieblingsstücke im Kleiderschrank hat, und schließlich
- weniger Platzbedarf, weil der Kleiderschrank nun deutlich kleiner ausfallen darf.

Übertragen auf die Schwangerschaft bedeutet das:

- Besorgt euch einige wenige Umstandsstücke und nicht gleich eine ganze Wagenladung davon. Schwangere Frauen strahlen sowieso ganz natürlich von innen und nicht durch ihre abwechslungsreiche Garderobe.
- Wählt Stücke, die universell einsetzbar sind, dann könnt ihr sie gut kombinieren.
- Tragt die Kleidung so lange, bis sie dreckig ist oder stinkt. Vorher muss sie weder gewechselt noch gewaschen werden. Wem das zu aufregend ist, der kann auch die wenigen Stücke immer wieder neu kombinieren oder austauschen.

Ihr werdet sehen, mit diesem Umgang spart ihr nicht nur Geld, sondern auch viel Zeit, weil ihr euch nicht mehr so lange mit der Garderobe auseinandersetzen müsst.

## Trickreiche Kleidung

Außerdem gibt es ein paar Tricks, die die Kleidungswahl flexibler macht.

### Bauchbänder

Bauchbänder sind breite elastische Rundbänder, die um den Bauch getragen werden. Damit kann man offene Hosen und zu kurze T-Shirts super ausgleichen und muss seltener passende Kleidung für die sich ändernden Körperformen besorgen. Damit sie elastisch sind, enthalten sie leider meist Elasthan, also eine Kunststofffaser. Für mich ist das ein Grund mehr, sie nur gebraucht zu kaufen.

### Hosenerweiterung

Mit einer Hosenerweiterung kann die normale Hose noch eine Weile weiter getragen werden.

### BH-Erweiterung

Wenn die BHs anfangen zu spannen, ist eine BH-Erweiterung eine gute Möglichkeit, sie länger tragen zu können. Allerdings wird man sowieso bald größere BHs brauchen, wieso also nicht gleich darauf umsteigen.

### Jackenerweiterung

Bei einem Winterbaby wird man um eine spezielle Jacke nur schwer herumkommen. Anstatt sich eine spezielle Umstandsjacke zu kaufen, ist eine Jacke sinnvoller, in die eine Erweiterung eingesetzt werden kann, sodass sie auch nach der Schwangerschaft weiter getragen werden kann. Mit einer flexiblen Jackenerweiterung, wie die von *kumja.de*, kommt man noch besser weg und kann so ziemlich jede Jacke zu einer Umstandsjacke umfunktionieren. Wird das Baby nachher am Körper getragen, können Jacke und Jackenerweiterung weiterhin genutzt werden. Eine Alternative ist es, sich eine große Jacke von Freunden zu leihen, die etwas mehr Körperumfang haben als man selbst.

Ich habe für meine bestehende Jacke selbst eine Jackenerweiterung genäht, die in die Knopflöcher auf beiden Seiten eingeknöpft wurde. So einfach kann es sein. Das Schöne an Schwangerschaft und Baby im Tragetuch ist, dass man gleich eine eingebaute Heizung dabeihat.

## Nestbau

Wie schon erwähnt, ist die ökologisch orientierte Elternschaft deutlich weniger von Konsumentscheidungen geprägt, als es sich die Babyindustrie wünschen würde. Weniger materielle Vorbereitungen bedeuten letztlich auch weniger Arbeit. Die häuslichen Vorbereitungen werden aber nicht nur als Arbeit wahrgenommen. Viele Paare sind hochgradig dazu motiviert, sich mit dem »Nestbau« zu beschäftigen. Es besteht einfach der Wunsch, sich auf das neue Leben einzustellen, was sich in der Regel in Veränderungen in Haus oder die Wohnung ausdrückt.

Wer diesen Wunsch hat, der sollte ihn auf keinen Fall unterdrücken müssen, aber vielleicht können die Vorbereitungen auch anderer Natur sein als der bloßer Konsumentscheidungen. Auch Themen wie Stoffwindeln und die ökologische Gestaltung von Kinderzimmer oder Schlafbereich sind in der Vorbereitung auf das Kind gut untergebracht. Eine Möglichkeit ist, sich weniger mit Fülle auseinanderzusetzen und dafür mehr mit Qualität und Inhalt. Eine andere ist es, die Vorbereitungen auf das Kind auf einer anderen Ebene zu verstehen und nicht nur die Wohnung, sondern auch sich selbst und seine eigenen Fertigkeiten an das Baby anzupassen.

## Chance Baby

Ein Baby ist nicht nur furchtbar viel Arbeit und Grund für ständige Erschöpfung. Es bietet auch die große Chance, sich weiterzuentwickeln, wenn man nicht zu sehr mit Shoppingfragen beschäftigt ist. Wie gesagt kann in der Zeit von Schwangerschaft, Mutterschutz und Elternzeit unglaublich viel Raum entstehen. Große Sprünge macht man mit einem dicken Bauch nicht mehr. Unweigerlich kehrt viel Ruhe ein.

Es kann eine sehr meditative, von Vorfreude geprägte Zeit sein, in der man sich intensiv mit dem seelischen Wohlbefinden beschäftigt – gerade wenn das körperliche Wohlbefinden zeitweise an seine Grenzen kommt. Vergesst die ganze Einkauferei. Sorgt für das Nötigste, und lasst den Rest wachsen. Wenn die Beine schwer werden, ist das der ideale Zeitpunkt, sich hinzusetzen und geistig weiterzuentwickeln oder Dinge zu tun, die sonst immer liegen bleiben.

## Meditation

Es ist kein Geheimnis mehr, dass Meditation für seelisches Wohlbefinden, Ausgeglichenheit, einen klaren Kopf und Glück sorgt. Kann es einen besseren Zeitpunkt geben, damit anzufangen, als die Schwangerschaft, und zwar spätestens dann, wenn körperliche Bewegungen immer schwieriger werden? Gerade mit einem Baby im Bauch ist diese Erfahrung zudem besonders schön, weil man eine Verbindung zu dem ungeborenen Wesen aufbauen kann und es in ganz besonderer Weise spürt – man meditiert quasi gemeinsam.

Macht euch dabei keine Sorgen, wenn ihr es nicht schafft, den Kopf leer zu bekommen. Das schaffe ich auch gefühlt nur für ein paar Sekunden. Trotzdem fühle ich mich danach immer frischer, fokussierter und klarer. Und das ist die perfekte Vorbereitung auf eine zukünftige Lebensphase, in der nichts so läuft wie geplant.

## Yoga oder Pilates

Jeder sollte natürlich selbst entscheiden, welche Sportart für ihn die richtige ist. Gerade Yoga und Pilates haben es mir sehr angetan, weil man sie bis zum Ende der Schwangerschaft und auch sehr bald danach ausüben kann. Genügend Körperkraft und Ausdauer ist bei der Geburt immens wichtig, um stundenlange Wehen auszuhalten und das Kind herauspressen zu können. Gebären ist kein Sonntagsspaziergang, sondern eher ein Marathon (vielleicht sollte man die Männer verpflichten, vor der Geburt einen Marathon zu laufen, damit sie ein Gefühl dafür bekommen, was frau in dieser Sache zu leisten hat). Auch ein geschmeidiger, dehnbarer Körper kann dabei nur von Vorteil sein.

Außerdem sprechen Yoga und Pilates sowohl Körper als auch Geist an. Sie sind damit eine ideale Praxis, wenn man mit Kindern nicht wirklich die Ruhe für eine Sitzmediation finden kann.

Das Schönste ist aber, dass man mit ein wenig Anleitung seine Übungen ganz allein zu Hause ausführen kann, zu jeder Zeit und so lange man möchte (oder es schafft), und auch mit Baby daneben ist das kein Problem. Ich mache das sogar mit meinem Sohn, der freudig um mich herumrennt, unter dem herabschauenden Hund hindurchkriecht, die Drehung unterstützt, indem er halb auf mich draufklettert und sogar mitmacht. Meine Yogapraxis ist für ihn immer ein Riesenspaß. Hin und wieder mache ich meine Übungen auch auf dem Spielplatz. Da habe ich dann sogar gänzlich meine Ruhe.

Yoga für Schwangere lässt man sich am besten in einem entsprechenden Kurs beibringen. Der wird zum Teil von den Krankenkassen übernommen, und man kommt in Kontakt mit den ersten anderen Müttern. Für zu Hause ist das Angebot von YouTube-Videos aber auch umfangreich.

Die wenigsten Frauen kommen ohne körperliche Beschwerden oder Schmerzen durch die Schwangerschaft. So konnte ich zeitweise nicht mehr sitzen, weil mein Steißbein sehr wehtat. Seit ich selbst Yoga praktiziere, weiß ich, wie gut es gegen Verspannungen, Sitzschmerzen, Rückenprobleme, Bandscheibenprobleme und andere Beschwerden hilft, die kommen, wenn man sich zu wenig bewegt. Auch sind sowohl Yoga als auch Pilates beides Sportarten, in denen man seinen Beckenboden schon kennenlernt, bevor es in den Rückbildungskurs geht – das kann nie schaden.

## Beschäftigung mit Zero Waste

Wer sich mit Zero Waste bisher wenig befasst hat, der kann die frei werdende Zeit wunderbar nutzen, um sich in das Thema einzulesen. Die Umstellung mag anstrengend sein, sobald man sich einmal darauf eingestellt hat, ist ein Leben mit Zero Waste aber deutlich entspannter. Die Mühe der Veränderung will aber einmal gemacht werden. Nehmt euch die Zeit, die ihr dafür braucht, euch mit Folgendem auseinanderzusetzen:

- alternative und minimalistische Kosmetik
- frisch kochen und Lieferservice vermeiden
- Naschereien reduzieren und bei Bedarf selbst machen
- Reinigungsmittel selbst machen
- herausfinden, wo man was unverpackt oder weniger verpackt bekommt
- Secondhandläden finden
- Kompostiermethoden ausprobieren
- reparieren, Repair Cafés finden und besuchen
- richtig entsorgen

## Umstellen auf Grün

Habt ihr schon grünen Strom und grünes Gas (Greenpeace Energy, EWS Schönau, Naturstrom), eine Ökobank (Triodos, GLS, Umweltbank), ein grünes E-Mail-Postfach (Posteo), ökologisch-soziale Geldanlagen, eine grüne Suchmaschine (Ecosia)? Im Alltag, quasi im laufenden Betrieb, macht man solche Umstellungen nur äußerst ungern. Jetzt ist aber kein Alltag, jetzt beginnt die Zeit, in der ihr die Zukunft eurer Kinder gestaltet. Deshalb nutzt die Gelegenheit zum Wechseln – eine bessere kommt nicht.

## Nähen & Stricken

Nähen ist nicht jedermanns Sache, aber das vor allem, weil wir es immer seltener lernen. Ich hatte das Glück, dass ich es sowohl in der Schule als auch von meiner Mutter gelernt habe. Und dass ich ihre tolle Nähmaschine »geerbt« habe.

Wer nähen kann, der macht sich das Leben in vieler Hinsicht leichter. Alle Stoffe, die im Haushalt als »Müll« anfallen, können zu etwas Neuem umgenäht werden. Der Stoff wird weiter verwendet, und es muss nichts Neues gekauft werden. Das ist auch eine enorme Kosteneinsparung. Nützliche Gegenstände wie Servietten oder Taschentücher können übrigens mit den einfachsten Nähkenntnissen selbst genäht werden. Löcher können selbstständig gestopft, Flicken aufgenäht und Knöpfe wieder angenäht werden. Gerade bei Kinderklamotten ist ein bisschen ausbessern eine gute Fähigkeit. Wirklich kompliziert ist es aber auch nicht, Kinderkleidung selbst zu nähen. Wer Spaß daran entdeckt, der kann damit ebenfalls eine Menge Geld sparen.

Kinder lieben es, sich zu verkleiden. Handelsübliche Kostüme sind aber nicht wirklich empfehlenswert. Mit ein paar Nähfähigkeiten macht man sich die Kostüme leicht selbst.

Wer noch nie irgendetwas genäht hat, der kann gar nicht wissen, wie leicht es ist und dass es auch viel Spaß machen kann. Die Babyzeit ist die ideale Phase, in der man sich dieses nützliche Handwerk aneignen kann. Fürs Stricken gilt im Prinzip das Gleiche.

## Gewaltfreie Kommunikation

Die gewaltfreie Kommunikation ist ein Lernfeld, welches für jeden Menschen auf dieser Welt eine sinnvolle Beschäftigung wäre und das Miteinander auf unserem Planeten deutlich verbessern würde. Gewaltfrei zu kommunizieren ist ein radikal anderer Ansatz als das, was wir überall lernen, und trotzdem – oder vielleicht gerade deshalb – so wertvoll.

Auch wenn jedes Miteinander einen Umgang nach diesem Prinzip vertragen würde, hat es gerade mit Kindern ein großes Gewicht. Einerseits holt es die Kinder aus der Rolle der Untertanen heraus, die nur zu gehorchen haben. Andererseits bietet es ein riesiges Potenzial, schon das kleinste Kind wirklich zu verstehen, wenn es ungemütlich wird. Allein durch Verständnis lösen sich viele Konflikte von ganz allein wie in Luft auf. Das Gefühl, verstanden zu werden, gibt den Kindern ein unglaublich starkes Urvertrauen und Selbstbewusstsein, von denen sie ihr ganzes Leben lang profitieren können. Auch haben sie dadurch die Möglichkeit, von Anfang an eine andere Sprache zu entwickeln, die nicht später mühsam hinzugelernt werden muss.

Kein Thema hat mich in den letzten Jahren so sehr bewegt wie die gewaltfreie Kommunikation, und ich bin sehr dankbar dafür, sie Stück für Stück in meine Beziehungen einfließen zu lassen. Am Beispiel des Kleinkindes kann das zum Beispiel so aussehen:

*Das Kind hängt am Rockzipfel und nervt total, während man einfach nur gerade in Ruhe das Abendessen kochen möchte.*

*In der sogenannten Giraffensprache würde man sich auch körperlich auf die Höhe des Kindes begeben, ihm vollste Aufmerksamkeit schenken und es fragen, was es braucht. Auch wenn es das noch nicht äußern kann, nimmt es diese Geste des Verständnisses war. Ist die Antwort klar, kann man das anerkennend formulieren: Wünschst du dir gerade Aufmerksamkeit von mir?*

*Die Schlussfolgerung daraus muss nicht sein, dass man alles stehen und liegen lässt und mit dem Kind Bücher liest. Eine längere Umarmung und die Erklärung, dass man gerade das Essen kochen möchte und deshalb nicht spielen wird, können einem schon das Verständnis des Kindes einhandeln. Das führt nicht immer zu dem gewünschten Ergebnis, in Ruhe kochen zu können, ist aber ganz wichtig für das Kind, weil es nicht einfach übergangen wird. Genauso fühlt es sich für uns gut an, wenn wir Verständnis schenken.*

*Vielleicht möchte das Kind aber auch einfach nur auf einem Stuhl stehen und zuschauen können.*

Das bedeutet, dass es wichtig ist, das Jammern und Weinen der Kinder ernst zu nehmen, sie in den Arm zu nehmen und ihnen Verständnis zu schenken, auch wenn sie selbst etwas »Unrechtes« getan haben. Es bedeutet aber genauso, seine eigenen Bedürfnisse zu äußern, wenn man sich unterhalten möchte oder gerade selbst keine Lust hat zu wippen.

Vor allem schätze ich an der gewaltfreien Kommunikation, dass es sehr intensiv darum geht, auf die Spur seiner eigenen Bedürfnisse zu kommen und zu lernen, diese zu äußern. Nutzt schon vor der Geburt die Chance, euch damit auseinanderzusetzen und in eurer heranwachsenden Familie Verständnis für die Bedürfnisse jedes Individuums aufkommen zu lassen.

Spätestens wenn das Kind da ist, werdet ihr immer wieder an eure nervlichen Grenzen geraten. Das ist ganz normal. Man kann das schlimm finden, oder solche Situationen dazu nutzen, sich selbst weiterzuentwickeln. Kinder spiegeln uns und unser Verhalten. Wenn wir genau hinsehen, zuhören und bereit und offen für Veränderung sind, dann erlauben sie es uns, eigene Macken und schlechte Angewohnheiten zu erkennen und zu bearbeiten. Jeder Mensch kann für uns ein Therapeut sein; Kinder können das ganz besonders gut. Der Erfolg der »Therapie« hängt vor allem von unserer Bereitschaft ab. Nehmt die Kinder und ihre Bedürfnisse ernst, und ihr werden sehen, was da alles ans Tageslicht kommt.

# Tasche packen für die Geburt

*Gerade kurz vor der Geburt fühlte ich mich so fit wie die ganzen vergangenen Monate nicht. Ich ging auf Promotiontour, um kräftig die Werbetrommel zu rühren und Neugierigen unsere Idee vom unverpackten Einkaufen näherzubringen. Fünf Tage nach dem errechneten Termin hatte ich aber endgültig die Nase voll vom Schwangersein und braute mir meinen eigenen Wehentee.*

***Wehentee***

Himbeerblätter (aus dem Garten) | Nelken | Zimt

zu einem Tee aufbrühen.

*Das schien zu wirken. In der Nacht fing das Rumoren in meinem Bauch an, und morgens um sechs Uhr kam die erste Wehe. Nach einem Besuch der Hebamme entschieden wir uns noch vor dem Beginn des Berufsverkehrs für die Fahrt Richtung Krankenhaus. Eine gute Entscheidung, denn wirklich lange sollte das Ganze nicht mehr dauern.*

*Nach gerade einmal sechs Stunden Wehen war ich so fix und alle, dass ich dieses Kind wie eine Wahnsinnige aus mir herauspresste, damit das Ganze endlich aufhörte. Und da lag es nun vor uns, dieses winzige Etwas mit seiner riesigen Nase. Wir wagten kaum, es anzufassen, bis der Arzt meinte, wir könnten unseren Sohn ruhig hochnehmen. Ich hatte noch nie so ein zerbrechliches Wesen gesehen und wusste kaum, wie ich ihn festzuhalten hatte. Aber als er dann endlich auf meiner Brust lag, durchströmte mich das Glück.*

*Ich hatte es geschafft, meinen Sohn trotz der Beckenendlage natürlich auf die Welt zu bringen.*

*Wer das Wunder der Geburt miterlebt hat, der weiß, dass es damit noch nicht gelaufen ist. Nun beginnt das Warten auf die Nachgeburt. Aber die Nachgeburt wollte nicht kommen. Spätestens an dieser Stelle hätte im Geburtshaus eine rasante Krankenwagenfahrt ins nächste Krankenhaus auf dem Plan gestanden. Und ich dankte meinem Sohn im Stillen, dass er für mich entschieden hatte, wo er zur Welt kommen sollte. So bekam ich also eine Narkose, die Plazenta wurde ausgeschabt, und mit etwas erhöhtem Blutverlust sollte ich entgegen meinem Wunsch, direkt wieder nach Hause zu fahren, noch eine Nacht im Krankenhaus verbringen.*

*Die ersten Windeln auf Station waren natürlich Wegwerfwindeln. Ich hatte weder die Kraft noch den Kopf dafür, mich für etwas anderes einzusetzen, geschweige denn selbst zu wickeln. Wasser aus Einwegplastikflaschen und abgepackten konventionellen Frühstücksaufschnitt konnte ich dagegen nicht übersehen. Nach einer Nacht packten wir unsere Sachen und zogen entgegen den ärztlichen Empfehlungen wieder in unser Zuhause. In gewohnter Umgebung und in Begleitung von Gregor konnte ich mich weitaus besser erholen.*

*Es machte mir nicht viel aus, in dieser Ausnahmezeit nicht perfekt ausgestattet zu sein und nicht perfekt zu funktionieren. Ich rekelte mich in meinen mütterlichen Glücksgefühlen, und alles andere sollte schon irgendwie funktionieren.*

Da die Tasche für die Geburt meist schon weit im Voraus gepackt wird, kann man auch wirklich gut vorbereitet am Geburtsort aufschlagen. Was sollte nicht fehlen?

### Fieberthermometer

Am besten nimmt man ein Fieberthermometer mit ins Krankenhaus. Denn all die Fieberthermometer, die im Krankenhaus genutzt werden, sind Einwegprodukte, die einem bei der Entlassung mitgegeben werden. Gerade wer öfter dort Gast sein muss, kann damit allerhand Sondermüll sparen. Diese Thermometer haben meist nicht einmal die Möglichkeit, die Batterie zu wechseln, geschweige denn nach ihrer Lebensdauer in ihre Einzelteile zerlegt zu werden. Ein einfaches

Thermometer reicht aus. Es muss kein spezielles Babythermometer mit zusätzlichen Funktionen sein.

### Wasser

Obwohl Leitungswasser in Deutschland fast überall ohne Bedenken und mit bestem Gewissen konsumiert werden kann, ist es nicht ratsam, das auch im Krankenhaus zu tun. Die Leitungen können mit Keimen belastet sein, die selbst ein ungeschwächtes Immunsystem umhauen können. Deshalb kommt das Trinkwasser im Krankenhaus aus Plastikflaschen oder Tetrapacks. Beides versuche ich bereits seit vielen Jahren zu vermeiden. Nicht nur steckt ein hoher Energieaufwand dahinter, Wasser in Plastikflaschen abzufüllen und zu transportieren, sie sind auch gesundheitlich bedenklich und können nur bedingt recycelt werden. Es lohnt sich also, Wasserflaschen einzupacken, um wenigstens ein paar Plastikflaschen einzusparen. Jeder, der ins Krankenhaus zu Besuch kommt, kann frische Wasserflaschen mit Leitungswasser mitbringen.

### Windeln

Mir war es nach der Geburt zu anstrengend, den Schwestern Stoffwindeln zu erklären. Wer es trotzdem versuchen möchte, der muss natürlich auch welche dabeihaben. Gerade wenn man längere Zeit im Krankenhaus verbringt, ist genügend Zeit da, sich damit auseinanderzusetzen.

### Einlagen

Nicht nur das Kind, sondern auch die Mutter braucht nach der Geburt Windeln. Oder zumindest Einlagen, um die Nachblutungen aufzufangen, die ein bis zwei Wochen dauern. Im Krankenhaus wird man mit Einlagen aus Kunststoffmaterialien versorgt. Das ist nicht nur Restmüll, sondern es fühlt sich ähnlich wie Einwegbinden für die Monatshygiene auch eher unangenehm an. Da ich weder Bescheid wusste noch auf diesen Wochenfluss vorbereitet war, war ich einer Freundin sehr dankbar, die mir ihre »Ausstattung« nach ihren zwei Kindern vererbte. Sie bestand aus selbst genähten Einlagen und ein paar übergroßen Unterhosen, um die dicken Einlagen auch darin unterbringen zu können. Die Einlagen selbst sehen aus wie einfache Stoffhüllen, die an einer Seite offen sind. Mit eingenäht ist eine Lage wasserundurchlässiges PUL, also eine dünne Kunststoffschicht. An der offenen Seite können Moltoneinlagen oder andere saugfähige Stoffe eingeschoben werden. Einige wenige reichten mir aus. Da Blut sowieso mit kaltem Wasser herausgewaschen werden muss, wusch ich sie immer abwechselnd mit der Hand und hängte sie zum Trocken auf. War die eine voll, so war eine andere schon wieder einsatzbereit.

Im Krankenhaus hat man diese Möglichkeit nicht unbedingt, oder vielleicht ist es einem auch unangenehm, die Einlagen zum Trocken aufzuhängen. Dann ist es sinnvoll, einfach ein paar Einlagen mehr mitzunehmen. Diese können nach Gebrauch in einem Wetbag (den man später sowieso noch braucht), gesammelt und zu Hause gewaschen werden. Handelsübliche oder selbst genähte Stoffbinden können ebenso verwendet werden. Selbst wenn man sonst keine Stoffbinden trägt, ist die Investition nicht umsonst, denn es gibt keinen Grund, warum man gebrauchte Stoffbinden, die nicht mehr genutzt werden, nicht weiterverschenken sollte. Der Wochenfluss ist jedoch deutlich stärker als eine normale Regelblutung, weshalb ich über diese speziellen Einlagen froh war. Wem die Investition in Stoffbinden zu hoch ist, der kann sich seine Einlagen einfach selbst nähen. Perfekt müssen sie nicht werden, denn egal wie gut die Einlage sitzt, man wird sich nach der Geburt untenrum sowieso nicht sonderlich wohlfühlen.

# Das Wochenbett

Gerade weil man nach der Geburt nicht direkt vor Kraft explodiert, hielt ich mich mit meiner Überzeugungsarbeit im Krankenhaus sehr zurück. Viele Dinge können hier auch einfach nicht viel anders gemacht werden. Zu Hause allerdings schon. Das war mit ein Grund, warum ich nach einer Nacht wieder heimfuhr. Hier konnte ich mich nicht nur besser erholen, sondern auch alles so machen, wie ich es machen wollte.

## Das leibliche Wohl

### Lieferservice und Fertigprodukte

Essen nach Hause geliefert zu bekommen ist schon eine praktische Angelegenheit. Gerade in Extremsituationen wie an einem verkaterten Sonntag, nach einer viel zu anstrengenden Arbeitswoche oder wenn man mehr Gäste hat als Platz im Kochtopf. Wir haben im Alltag jedoch gänzlich davon Abstand genommen. Das Essen ist nicht nur mehrfach verpackt, es wird zudem auch noch häufig mit dem Auto oder dem Roller ausgefahren, und Bioqualität ist sowieso Seltenheit. Da wir sowohl Verpackungsmüll als auch motorisierten Individualverkehr reduzieren wollen, gewöhnten wir uns diese Gemütlichkeit des Essenbestellens ab. Das Gleiche gilt auch für Fertig- und Halbfertigprodukte. Bis auf wenige Ausnahmen wie Ketchup und Pesto (was man beides auch gut selbst machen kann) kommt auch das nicht mehr in den Einkaufswagen. Nicht nur die Verpackung stört uns daran. Sie sind zudem einfach teuer und enthalten oft jede

Menge Inhaltsstoffe wie Zucker, Geschmacksverstärker und Palmöl, die wir lieber nur wenig bis gar nicht in unserem Essen haben möchten.

Im normalen Alltag war das für uns schon lange kein Problem mehr. Man gewöhnt sich daran, einfach immer selbst für sein Essen verantwortlich zu sein oder zumindest selbst zur Pizzeria zu gehen und dort zu essen. Das Wochenbett hingegen stellte eine Extremsituation dar, auf die wir weniger gut vorbereitet waren. Insgesamt haben wir nach der Geburt dreimal auf Pizzakartons zurückgegriffen und einmal sogar auf einen Lieferservice. Während sich mein Innerstes mittlerweile regelrecht sträubt gegen solche unnütze Verschwendung, hatte ich das Gefühl, dass es weit größere Baustellen gab, die meine Aufmerksamkeit forderten, und konnte diese drei Ausnahmen gelassen hinnehmen. Ich denke, es ist keine schlechte Bilanz für ein Projekt Baby und ein Projekt Unverpackt-Laden zur selben Zeit.

Dennoch wäre mit ein bisschen mehr Hilfe von außen auch diese Kartonflut leicht vermeidbar gewesen. Sollte ich doch noch mal ein Kind bekommen, werde ich jeden Besuch im Vorhinein darauf hinweisen, dass er doch bitte nicht ohne einen Kartoffelauflauf zum Babygucken vorbeikommen soll.

Wenn man es nicht schafft, selbst zu kochen, aber schon, das Essen irgendwo abzuholen, dann kann man selbst Gefäße zum Transport mitbringen. Am besten erwähnt man das schon am Telefon und klopft ab, ob das für die Küche in Ordnung ist. Die meisten haben damit kein Problem, sparen sie sich doch die Kosten für das Verpackungsmaterial.

Eine weitere gute Möglichkeit, um in den ersten Tagen nach der Geburt immer mit leckerem Essen versorgt zu sein, ist die, schon vor der Geburt eine Auswahl an leckeren Gerichten vorzukochen und sie einzufrieren. Hervorragend funktioniert das mit Quiche, Pizzaschnecken, Tortellini oder auch Eintöpfen wie Chili con/sin Carne. Das muss man sogar gar nicht unbedingt selbst machen, sondern es kann auch eine hervorragende Möglichkeit dafür sein, Müttern und Schwiegermüttern den Wunsch, Unterstützung zu geben, zu erfüllen.

## Kochen trotz Baby

In einem Zero-Waste-Haushalt wird deutlich mehr frisch gekochtes Essen auf den Tisch kommen. Wir haben den Fertigprodukten endgültig Lebewohl gesagt und kochen selbst. Das ist nicht nur gesünder, es entlastet auch den Geldbeutel. Durch die Art und Weise des Kochens kann man bereits so viel Müll einsparen, selbst wenn man keinen Unverpackt-Laden in der Nähe hat. Wer viel frisches Gemüse und Kartoffeln verarbeitet und (bei Bedarf) Milchprodukte in Pfandgläsern kauft, der braucht zum Kochen nur noch wenige Grundnahrungsmittel, die standardmäßig in Plastik verpackt sind. Es ist wirklich eine Sache der Übung und der Gewohnheit.

Viele Menschen kochen leidenschaftlich gern und stehen dafür auch mal länger in der Küche. Mir ging es vor meinem Baby auch so. Gerade um bestimmte Halbfertigprodukte zu ersetzen und zum Beispiel Nudeln selbst zu machen, braucht man zwar nicht viele Zutaten, aber etwas mehr Zeit. Mit Baby, Kind oder sogar mehreren Kindern werden Zeit und vor allem Ruhe zu einem knappen Gut. Gerade auch nach der Geburt fehlt schlichtweg die Kraft. Deshalb greifen so viele gerade jetzt zu Fertignahrung oder rufen im Zweifelsfall den Pizzaservice an. Ich kann das gut verstehen, für mich kommt das aber nicht mehr infrage.

Um auch mit beschränkter Zeit, wenig Geld und sogar mit einfachsten Zutaten kochen zu können, braucht es ein wenig Übung. Ich bin mittlerweile Meister in der Disziplin des leckeren, frischen Schnellkochens. Wer sich auf dem Gebiet fit machen möchte, der fängt am besten schon in der Schwangerschaft mit dem Üben an. Spätestens wenn das Kind da und der Wille groß genug ist, lernt man von ganz allein, schnell und lecker zu kombinieren.

Dafür sind ein paar Grundeinstellungen sehr hilfreich: Es muss nicht immer pompös sein, es muss nicht klassisch sein, und es muss nicht immer Fleisch sein. Wenn ich koche, dann orientiere ich mich an dem, was im Kühlschrank vorhanden ist. Was muss als Erstes weg, was passt zusammen und was passt dazu? Was gut kombiniert werden kann, lernt man mit der Zeit. Wer sich da unsicher ist, der wird sich erst mal an feste Rezepte halten. Kochen nach Rezept dauert allerdings immer länger: Man muss die Rezepte raussuchen und vielleicht sogar noch einkaufen gehen. Um mehr Sicherheit zu haben und trotzdem zu experimentieren, können Rezepte auch abgewandelt und an die vorhandenen Zutaten angepasst werden. Kochen ist immer experimentell: Mal schmeckt es besser, mal nicht ganz so gut, aber nur so lernt man dazu.

Seit ich ein eigenes Kind habe, drehen sich meine Experimente vor allem darum: Was geht schnell, ist lecker und trotzdem regional und kann auch das jüngste Kind gut essen?

## Frische Fast-Food-Klassiker

Ich koche mittlerweile in Windeseile aus den einfachsten Zutaten leckerste Gerichte. Das geht so schnell, dass ich es auch sehr gut in einen vollgepackten, stressigen Alltag mit Kindern integrieren kann. Ich agiere da meist sehr vorausschauend und überlege mir schon einen Tag vorher, was es zu essen geben wird. Wenn ich das nicht tue, greife ich auf eine Handvoll guter, einfacher Klassiker zurück, die sich schnell und ungeplant aus wenigen Zutaten zusammenstellen lassen.

### Backkartoffeln

Dieses Gericht ist ideal für einen Sonntagabend, an dem man eigentlich nicht so richtig Lust hat zu kochen. Kartoffeln mit der Gemüsebürste abbürsten (am besten die Schale dranlassen) und in dünne Spalten schneiden. Mit ordentlich Bratöl mischen und würzen. Wir lieben einfach Salz und Rosmarin, aber auch Paprika, Pfeffer oder andere Kräuter sind möglich, ganz nach Geschmack. Bei ca. 180° C im Backofen, evtl. auch mit Grill, 30–45 Minuten backen.

Das Backsortiment kann beliebig erweitert werden um alles, was noch zu Hause herumliegt: Möhren, Zwiebeln, Zucchini, Auberginen, Fenchel, Rote Bete und Sellerie haben wir schon erfolgreich ausprobiert.

Hierzu passt natürlich Salat. Wem das zu viel ist, dem schmecken die Backkartoffeln auch pur oder mit Ketchup oder selbst gemachtem Chutney.

### Backgemüse mit Reis

Gebackenes Gemüse schmeckt grandios, wenn man Reis (oder am besten regional: Dinkelreis) daruntermischt. Geschieht dies gleich auf dem Blech, geht der Gemüsesaft in den Reis über. Besonders lecker finde ich hierfür gebackenen Kürbis und Rote Bete (braucht länger als Kürbis, also dünner schneiden oder früher in den Ofen geben.)

### Gemüsepfanne

Die Gemüsepfanne ist das Gericht, das entsteht, wenn überhaupt kein Raum da ist, sich groß mit Essen zu beschäftigen. Saisonales Gemüse wird nach seiner Garreihenfolge in einer Pfanne mit heißem Öl scharf angebraten und gesalzen. Hat das Gemüse eine längere Garzeit, wird die Hitze reduziert und bei kleiner Flamme mit geschlossenem Deckel weitergedünstet. Eventuell etwas Wasser dazugeben, damit das Gemüse nicht anbrennt. Wenn man Zeit hat, dann reicht es oft aus, wenn man die Herdplatte komplett ausstellt und die Pfanne einfach stehen lässt; die Resthitze der Herdplatte tut in den nächsten 30 Minuten ihr Übriges. Das Schwierigste daran ist, ein Gefühl dafür zu bekommen, wie lange welches Gemüse braucht und was zusammenpasst. Dazu essen wir gern Reis (Dinkelreis), Hirse oder Nudeln.

Die Reispfanne wird auch schnell zum Curry, wenn man schon im Kochprozess so viel Wasser hinzugibt, dass das Gemüse leicht schwimmt. Mit Mehl oder Nussmus kann die Flüssigkeit gebunden werden, wenn man es etwas cremiger mag. Gewürze wie Curry, Garam Masala und Kreuzkümmel passen gut dazu und können schon im Garprozess hinzugegeben werden.

### Kartoffel-Fenchel-Pfanne

Kartoffeln und Fenchel in Scheiben schneiden und in einer Pfanne mit Deckel in reichlich Öl scharf anbraten. Salzen und so lange weiterbraten, bis das Gemüse schon fast durch ist. Eventuell zwischendurch die Hitze reduzieren, damit das Gemüse nicht zu stark anbrät. Ein bisschen Röstaroma ist aber lecker.

Nebenbei eine Mehlschwitze herstellen. In einem kleinen Topf reichlich Öl erhitzen, nach Wunsch Zwiebeln darin etwas anbraten und viel Mehl hinzugeben. Mit dem Schneebesen kräftig umrühren und immer wieder Wasser hinzugeben, bis eine zähe Masse entsteht. Mit Salz, Hefeflocken oder Gemüsebrühe und nach Wunsch Kräutern abschmecken.

Die Soße unter das Gemüse geben, alles schön platt drücken und ohne Deckel bei 180° C im Backofen backen, bis es knusprig und lecker aussieht.

### Lauch mit Ei

Die unteren Enden der Porreestangen abschneiden. Die Stangen (inklusive Grün und inklusive der äußeren Blätter) längs mit einem Messer bis zum Kern durchschneiden und zwischen den einzelnen Blättern unter fließendem Wasser die Erde entfernen. In ca. 1 cm dicke Scheiben schneiden. Angebraten wird der Topfinhalt deutlich kleiner, deshalb könnt ihr die Pfanne ruhig vollmachen. In Bratöl und mit Deckel fast weich braten. Zwischendrin rühren und salzen. Mit dem Pfannenwender »Löcher« in das Gemüse schieben und in jedes Loch ein Ei hineinschlagen. Nun bei schwacher Hitze mit Deckel warten, bis das Ei gar ist.

Dieses Gericht geht rasend schnell und schmeckt zu Brot oder Brötchen.

Als Variation nach kurzem Anbraten rote Linsen zum Lauch geben und immer wieder so viel Wasser, dass die Linsen garen, das Gericht aber nicht matschig wird (ähnlich wie bei Risotto).

### Schnelle Nudelsoße

Nudeln gehen ja immer und schmecken zudem auch noch jedem. Mit dieser schnellen Soße kann man auf Fertigprodukte leicht verzichten.

Zwiebeln in einer kräftigen Portion Öl anbraten, klein geschnittenes Gemüse nach seiner Garreihenfolge hinzugeben und kräftig anbraten. Tomatenpassata (selbst gemacht, im Pfandglas aus dem Unverpackt-Laden oder aus dem Einwegglas) hinzugeben, je 1 TL Zimt und Salz nach Geschmack ergänzen und köcheln lassen. Das geleerte Glas erneut mit etwas Wasser füllen, im Glas schütteln und so auch die Reste der Passata in den Topf geben.

Hat das Gemüse die gewünschte Konsistenz, kann aufgetischt werden. Frische oder getrocknete Kräuter passen gut dazu.

Als Variation können auch Sojaschnetzel mitgekocht werden, die aus der Sauce eine Sojanese machen. Dafür die Sojaschnetzel in heißer Gemüsebrühe mindestens 15 Minuten, gern aber auch ein paar Stunden, quellen lassen. Anschließend das Wasser abgießen (und später in die Soße geben) und die Sojaschnetzel entweder vorher anbraten oder direkt in die Soße geben.

### Soßen schnell andicken

Mehl und Wasser in ein Schraubglas geben, schütteln und direkt in die Soße einrühren.

### Linsenreis

Für den besonderen Geschmack und ernährungsphysiologisch sinnvoll kann man beim Kochen von Vollkorn- oder Dinkelreis auch gleich grüne oder Tellerlinsen mit ins Wasser geben. Sie werden gleichzeitig gar. Bei Nudeln ist die Ergänzung mit roten Linsen sehr schmackhaft. Ein bisschen Butter dazu reicht fast schon aus für ein schmackhaftes Mahl, vor allem für Kinder.

### Salatsoße

Bei Salatsoße hat jeder seine Favoriten. Ich mische gern Senf, Honig, Salz, Apfelessig und Olivenöl. Gibt man alles in ein Schraubglas, werden die Zutaten durchs Schütteln schön cremig. Ich bereite immer gleich ein ganzes Glas zu, sodass ich nicht jeden Tag ein neues Dressing anrühren muss, sondern es stets parat habe. Alle Zutaten im Dressing wirken konservierend, weshalb man sich keine großen Sorgen machen muss, dass es verdirbt.

## Stillen

Ob und wie das Stillen funktioniert, hängt nicht selten von der Unterstützung der Hebamme ab. So liegen viele Stillprobleme einzig an der Technik und an mangelndem Durchhaltevermögen, wie mir meine Hebamme erklärte.

Dank einer guten Betreuung hat das Stillen bei mir von Anfang an recht gut funktioniert. Natürlich hatte ich in den ersten Tagen mit wunden Brustwarzen zu kämpfen und genoss es nicht sonderlich, das Kind anzulegen. Geduld und Hoffen auf Besserung wurden aber schnell belohnt.

Wenn das Stillen nicht klappen will und die Hebamme keine Hilfe ist, dann sucht man sich am besten über das Internet externe Stillberaterinnen, die in der Regel sogar ehrenamtlich arbeiten.

### Einfach nur praktisch

Das einfachste, kosteneffizienteste und müllsparendste Mittel zur Ernährung von Babys ist und bleibt die Muttermilch. Ich kann aus meiner eigenen Erfahrung heraus nur jedem empfehlen, mindestens sechs und besser zwölf Monate zu stillen, wenn es irgendwie geht. Ersatzmilchprodukte sind nicht nur ein immenser Kostenfaktor, sondern erzeugen auch noch jede Menge Müll und sind einfach niemals so gut für das Baby wie Muttermilch. Zudem sind sie nicht einmal praktisch, denn sie müssen immer erst auf die richtige Temperatur gebracht werden. Einerseits sind Babys nicht gerade geduldig, andererseits muss immer etwas zum Aufwärmen zur Hand sein. Lange unterwegs sein wird da schwierig. Mit den eigenen Brüsten hat man jedoch immer ausreichend Milch in genau der richtigen Temperatur zur sofortigen Verfügbarkeit dabei. Auf diesen Komfort hätte ich nur ungern verzichtet.

## Das Schönste der Welt

*Trotz des guten Milchflusses empfand ich das Stillen zeitweise als anstrengend. Gerade in der Anfangszeit gab es gefühlt nur zwei Zustände bei meinem Kind – schlafend oder trinkend. Ich ließ mir von allerlei selbst ernannten Experten erklären, wie man es dem Kind abgewöhnen könne, so häufig zu trinken. Das klang für mich zwar erst einmal schlüssig und erstrebenswert. Die These, dass Kinder auch mal weinen dürften und man das aushalten müsse, konnte ich aber nach wenigen Versuchen nicht teilen. Ich begann, meine Schwäche, meine Erschöpfung und auch meine Abhängigkeit zu akzeptieren. Akzeptanz von dem, was ist, ist eine wesentliche Grundlage des Genusses. Wenn ich Dinge nicht ändern kann oder ändern will, dann kann ich lernen, sie zu genießen, auch wenn sie nicht meiner perfekten Vorstellung entsprechen. Ich wollte stillen! Zu akzeptieren, dass das eine gewisse Abhängigkeit mit sich bringt, nahm mir viel Druck. Das erste Jahr nach der Geburt ist einfach eine außergewöhnliche Zeit – mit ihren ganz besonderen Pflichten, aber auch ihren ganz besonderen Freuden. Ich blieb dabei und gab meinem Kind die Brust, wann immer es das Bedürfnis danach hatte, es aus Hunger oder aus dem Wunsch zu nuckeln.*

Das Stillen an sich empfindet wahrscheinlich jeder ein bisschen anders. Neben genussvollen Momenten, in denen ich die enge Symbiose zwischen mir und meinem Kind spürte, kenne ich genauso die Momente, in denen ich einfach meine Ruhe haben wollte oder gern auch mal länger als ein paar Stunden weggewesen wäre. Diese zwei Seiten in sich zu spüren, ist ganz normal. Die meiste Zeit ist Stillen jedoch einfach nur Stillen – das Natürlichste der Welt.

Wer sich mehr Freiheit wünscht, das Stillen aber trotzdem nicht aufgeben möchte, der hat heute die Möglichkeit, Milch abzupumpen und aufzubewahren. Da unser Sohn nach der Geburt einige Zeit im Krankenhaus und auf der Intensivstation lag, musste ich das ebenfalls tun. Seitdem ist es für mich persönlich aber auch keine ernsthafte Alternative mehr. An der Pumpe zu hängen empfand ich als unangenehm und merkwürdig, die vielen weggeschmissenen Pumpenaufsätze und Fläschchen fand ich irrsinnig verschwenderisch. Wer zu Hause abpumpt, der spart aber im Vergleich zur Flaschennahrung zumindest jede Menge Müll ein. Anders als im Krankenhaus müssen Aufsätze und Flaschen nicht nach einmaligem Gebrauch entsorgt, sondern können abgekocht werden.

## Gesunder Trend

Wie so viele Dinge ist auch das Stillen in unserer Gesellschaft sehr in die Diskretionsecke verschoben und von einer mächtigen Ersatzmilchindustrie fast vollständig verdrängt worden. Immer wieder berichten Mütter über Anfeindungen von Außenstehenden, die den Anblick eines saugenden Kindes für nicht gesellschaftsfähig halten. Zum Glück sind das Ausnahmen, die meist zu einer älteren Generation gehören. Das Stillen ist längst wieder zur Normalität geworden, und keine Mutter muss sich mehr deshalb genieren. Auch ich verlor schnell die Hemmungen und stillte einfach überall, wo es gerade gebraucht wurde, in der Bahn, im Restaurant, auf der Straße, im Laden. Es gab nur einen einzigen unangenehmen Zwischenfall, bei dem Menschen auf mich als stillende Mutter nicht gut zu sprechen waren.

Neben den praktischen Gründen hat das Stillen zudem einen gesundheitlichen Vorteil. Das Kind bekommt einen gewissen Infektionsschutz gleich mit, und der Mutter hilft es, nach der Schwangerschaft schon bald wieder ihr Normalgewicht zu erlangen. Wer danach sucht, der findet noch viele weitere gesundheitliche Vorteile, die sowohl Kind als auch Mutter positiv beeinflussen sollen. Studien darüber gibt es noch und nöcher, wirklich bewiesen ist davon nichts. Spätestens an der Stelle sollte sich auch keiner zu viel Druck auferlegen, wenn es mit dem Stillen wirklich nicht klappen sollte oder es andere Gründe gibt, warum man auf Flaschenmilch ausweicht. Ich selbst bin, wie ich nun erfuhr, auch nicht wirklich gestillt worden, und trotzdem geht es mir gut, und allzu dumm bin ich auch nicht. Grund zur Panik besteht also nicht. Wenn man stillen kann, dann macht es aber Sinn, das einfach auch zu tun.

## Wunde Brustwarzen

Wunde Brustwarzen gehören leider in der Regel zu den ersten Stilltagen dazu. Das kann bisweilen ganz schön unangenehm werden, durchhalten lohnt sich aber. Die beste Heilung dagegen ist Wollfett. Das gibt es in Apotheken, wo es nach Bedarf – gern in euer eigenes mitgebrachtes Gefäß – abgefüllt wird. Ich habe nur ein kleines bisschen davon gebraucht. Ein kleiner Kosmetiktiegel oder eine leere Salbendose reichen aus. Was übrig bleibt, kann man für jegliche wunden Stellen beim Baby ebenso verwenden oder es an andere Mütter verschenken. Ihr könnt auch vorher in der Apotheke anrufen und nachfragen, ob Wollfett vorrätig ist. Das kann euch unter Umständen einen Gang ersparen.

Genau dieses Wollfett benötigt man übrigens auch, um Stoffwindeln aus Wolle nachzufetten. Wer schon weiß, dass er sie benutzen wird, der kann sich also ein größeres Töpfchen vollmachen lassen.

## Stilleinlagen

Es gibt Sachen, die erzählt einem vor der Geburt niemand. Neben dem Wochenfluss ist das die Eigenart der Brüste, schon beim leisesten Wimmern des Babys einfach auszulaufen – allzeit bereit. Spätestens nach dem Milcheinschuss ist so viel Druck auf der Brust, dass sich die Milch gern auch mal selbstständig macht. Um nun nicht ständig mit zwei nassen Flecken im T-Shirt herumlaufen zu müssen, sind Stilleinlagen eine praktische Erfindung. Sie sehen ein bisschen aus wie Push-up-Einlagen für BHs und werden einfach in die Körbchen hineingesteckt. Hierfür gibt es Einwegprodukte, aber besser sind natürlich waschbare Stoffeinlagen. Sehr zu empfehlen sind solche aus Bioschurwolle und Seide. Die Wolle ist sehr saugfähig, und die Seide kühlt und beruhigt die Brust. Der entzündungshemmende, antimikrobiell wirkende Seidenbast heilt auf natürliche Weise.

Die Stilleinlagen können einfach in warmem Wasser ausgespült und getrocknet werden. So kommt man oft mit zwei bis drei Paar hin. Der recht hohe Preis relativiert sich schnell, wenn nicht ständig Einwegmaterial nachgekauft werden muss und die Einlagen am Ende weiterverkauft werden können. Wer ein bisschen Geschick an der Nähmaschine zeigt, der kann solche Einlagen aber auch leicht aus alten Stoffresten selbst nähen.

Für das Wochenbett ist so viel Etikette gar nicht unbedingt notwendig. Eine Mullwindel um die Brüste gebunden reicht auch aus und saugt überschüssige Muttermilch auf.

## Es soll nicht sein

Sollte es trotz allem mit dem Stillen einfach nicht klappen, der Erfolg nach wenigen Monaten wieder abebben oder die Milchmenge einfach nicht ausreichen, sollten wir vor allem eines nicht tun: uns Vorwürfe machen. Nicht bei jedem klappt es so unkompliziert. Erfreulicherweise muss das Überleben unseres Babys deshalb nicht in Gefahr sein. Nicht zu stillen ist in meinen Augen lediglich mehr Aufwand und eben deutlich mehr Müll. Beides wird man in einer solchen Situation aber einfach in Kauf nehmen müssen.

Milchpulver ist zwar mehr Arbeit als die fertig abgefüllte Milch, die nur noch erwärmt werden muss, dafür hinterlässt es aber merklich weniger Abfall. Nach fünf bis sechs Monaten auf andere Lebensmittel umzusteigen, kann hier eine gute Lösung sein. Mehr Informationen dazu gibt es im Kapitel Essen & Trinken.

# Windelfrei

Wenn ich eines gelernt habe, seit ich Zero Waste lebe, dann ist es, dass es niemals nur einen Weg gibt. Man kann zwar meistens das eine gegen das andere eintauschen, aber oft finden sich noch ganz andere Konzepte auf unserer Welt, Dinge zu tun und Dinge zu lassen. Ich schaue bei solchen Fragen immer gern auf andere Kulturen oder richte den Blick in die Vergangenheit. Ich versuche also herauszubekommen, wie man es früher gemacht hat, bevor es all unsere komfortablen Wegwerfprodukte gab, und wie man es in anderen Ländern macht, wo man sich so viel Verschwendung gar nicht leisten kann oder will.

Genauso ist es auch beim Thema Windelfrei. Genaugenommen hat mich eine Freundin darauf gebracht, die es selbst gar nicht ausprobiert hat. Mich hat das Konzept aber sofort angesprochen, und ich wollte es unbedingt probieren.

Ganz grob formuliert geht es darum, dass das Kind schon direkt nach der Geburt signalisiert, wenn es aufs Klo muss. Wenn man lernt, die Zeichen zu deuten, dann kann man es rechtzeitig über das Klo abhalten und frei ausscheiden lassen. So viel zur Theorie. Die Praxis ist natürlich etwas komplexer und auch weitaus spannender.

*Da ich selbst niemanden kannte, der es ausprobiert hatte, las ich zwei Bücher zu dem Thema und konnte mich glücklicherweise auch mit meiner Hebamme darüber austauschen. Sie bestärkte mich darin, es einfach auszuprobieren. Nach ihrer Aussage würden die Babys schon nach wenigen Tagen verstehen, was hier passiere. Da man in den ersten zwei Wochen nach der Geburt nicht viel anderes zu tun hat, war mir der Aufwand nicht zu groß, damit zu experimentieren. Ganz im Gegenteil, ich fand es schlicht faszinierend – spätestens dann, als es das erste Mal geklappt hatte. Als das erste Pipi im Waschbecken landete, war unsere Freude so groß, dass wir auf jeden Fall dabei bleiben wollten.*

*Die Bücher, die ich zu dem Thema las, haben mich auf der einen Seite darin bestärkt, auf der anderen Seite aber auch etwas verunsichert. Es baute sich ein Druck in mir auf, ich müsse das Kind möglichst schnell aus der Windel herausbekommen. Irgendwann verstand ich, dass es darum gar nicht geht.*

Natürlich ist es erstrebenswert, wenn das Kind so schnell wie möglich keine Windeln mehr trägt und nichts danebengeht. Trotzdem muss man solche Konzepte auch immer in seine eigene Realität und Lebensweise übertragen.

## Woher kommt Windelfrei?

Stellen wir uns doch mal die Zeit vor, bevor es Einwegwindeln gab. Da gab es nur Stoffwindeln. Nun stellen wir uns mal die Zeit vor, bevor es Waschmaschinen gab. Alle Windeln mussten von Hand gewaschen werden. Es ist vollkommen klar, dass die Mütter ein großes Interesse daran hatten, ihren Kindern schnell beizubringen, aufs Töpfchen zu gehen. Das nannte man damals zwar noch nicht »Windelfrei«, sondern Sauberkeitserziehung, es ging aber durchaus in die gleiche Richtung.

Und nun stellen wir uns vor, was war, bevor es überhaupt Stoffwindeln gab, oder was immer noch in solchen Völkern, meist Naturvölkern, passiert, die auch heute noch keine Stoffwindeln haben. Die Kinder tragen keine Windeln. Möglich ist das einerseits, weil die Kinder in solchen Kulturen sehr lange getragen werden. Bei dem engen Körperkontakt ist es nicht nur sehr leicht, zu spüren, wenn das Kind muss. Das Kind hat auch selbst ein natürliches Interesse daran, seine Mutter nicht mit Ausscheidungen zu verunreinigen, und hält den Ausscheidungsdrang an, bis es aus dem Tuch gehoben und abgehalten wird. Zum anderen haben Naturvölker auch weniger Probleme damit, einen geeigneten Ort für das Geschäft zu finden, weil sie in der Natur leben und nicht in der Stadt. Die warmen Temperaturen, in denen die meisten von ihnen leben, erleichtern das Prozedere natürlich, weil die Kinder kaum ausgezogen werden müssen. Der allerwichtigste Punkt ist aber der, dass es bei ihnen so gut klappte und klappt, weil es normal war und ist und es alle machen!

In vielen Kulturen ist das heute noch so; mir ist es vor allem aus asiatischen Ländern bekannt. Hier gibt es übrigens spezielle Kinderhosen, die untenrum etwas ausgespart sind und somit bei einem Missgeschick nicht direkt getauscht werden müssen.

## Unser Windelfrei

Unsere Realität in Deutschland sieht etwas anders aus. Es ist häufig nass und kalt, und wenn man in der Stadt lebt, dann kann man selbst schon froh sein, wenn man einen Ort zum Pinkeln findet. Zudem war nach unserer Geburt auch nicht mehr sonderlich viel Ruhe im Haus, und das nicht nur wegen des Kindes. Deshalb ist »windelfrei« bei den meisten auch ganz und gar nicht Windel-frei. Es gibt keinen Grund, den Begriff wörtlich zu nehmen und mit größter Anstrengung zu versuchen, die Kinder so schnell es geht aus der Windel herauszubekommen. Das kann durchaus sehr früh und sehr gut funktionieren, muss es aber nicht. Unser Sohn trug auch meistens eine Windel, je nach Phase mal mehr, mal weniger. »Windelfrei« bedeutet hier vor allem, dem Kind die Möglichkeit des freien Ausscheidens zu geben, unabhängig davon, ob es zur Sicherheit eine Windel trägt oder nicht.

## Vorteile von Windelfrei

### Kommunikation

»Windelfrei« geht davon aus, dass zu den ersten Grundbedürfnissen Hunger/Durst, Nähe, Ruhe, Anregung und Schmerzfreiheit noch ein weiteres gehört – nämlich das Ausscheiden. Für mich war dieser Gedanke sehr hilfreich. Denn gerade die Mutter weiß zwar meist das Weinen des Kindes zu deuten, aber eben auch nicht immer. Manchmal steht man einfach auf dem Schlauch, ist vielleicht selbst müde und erschöpft und wünscht sind einfach nur Ruhe. Die Anerkennung eines weiteren Bedürfnisses bietet hier zusätzliche Möglichkeiten des Handelns. Wenn das Kind also aus unerfindlichen Gründen schreit, dann hat es vielleicht einfach nur die Hose voll oder muss ausscheiden.

Weiter gab mir das Abhalten ein großes Gefühl von Respekt meinem Sohn gegenüber. Respekt, weil ich ihn nicht einfach in seine eigene Hose machen ließ, sondern ihm die Möglichkeit gab, sauber zu bleiben. Respekt, weil ich sein Bedürfnis hörte und nicht einfach abwartete, bis es vorbei war. Aber Respekt auch, weil ich ihm zutraute, dass er es auch anders konnte. Obwohl Kinder weitaus weniger Probleme mit ihren eigenen Ausscheidungen haben als Erwachsene, kann es trotzdem nicht das schönste Gefühl sein, wenn sich langsam die warm-feuchte Kacke den Rücken hochschiebt.

Diese Anerkennung war mir im Laufe der Zeit beinahe noch wertvoller als das wenige Windelwaschen. Ich hatte einfach das Gefühl, mehr auf die Bedürfnisse meines Kindes zu hören und eingehen zu können.

### Entspannung

Ganz egoistisch gesehen spart man sich auf jeden Fall jede Menge Geschrei, wenn die Grundbedürfnisse der Babys erfüllt werden. Ich bilde mir auch ein, dass das vielleicht mit ein Grund ist, warum unser Sohn so tiefenentspannt ist. Das ist natürlich nur meine ganz persönliche These, die ich leider nicht beweisen kann.

### Kacke abwischen

Wer wischt schon gern Kacke von Babypopos ab? Jeder macht es, weil er sein Kind liebt, aber sonderlich entzückt ist davon niemand. Ein Po, der direkt ins Klo macht statt in eine Windel, muss deutlich seltener abgewischt werden.

### Wunder Po

Einen wunden Po gibt es ohne feuchte Windeln nicht. Was für eine unglaubliche Entlastung muss das für das Kind wohl sein. Man stelle sich nur mal vor, man hätte selbst einen wunden Hintern mit offenen Stellen und müsste trotzdem noch in seinen eigenen Exkrementen sitzen. Kinder können es nicht aussprechen, aber ich schätze, dass das ziemlich unangenehm und eine ausgewachsene Windeldermatitis recht schmerzhaft ist. Auch wenn die Kinder nicht sprechen können, so können sie doch ganz gut schreien, und das zu ertragen ist für Eltern immer schwer.

### Weniger Windeln

Weniger dreckige Windeln bedeutet entweder, deutlich weniger Geld für Windeln auszugeben, oder, wenn man den Anspruch an ökologische Windeln hat, deutlich weniger Windeln zu waschen und auch einen kleineren Bestand an Windeln anschaffen zu müssen. Es bedeutet also weniger Kosten und weniger Arbeit. Deshalb ist das Abhalten auch die perfekte Ergänzung zu Stoffwindeln.

### Trocken

Natürlich sind die Kinder früher trocken, weil sie nie verlernen, ihren Schließmuskel zu gebrauchen.

## Wie funktioniert es?

Wie funktioniert das Ganze aber nun genau? Ich konnte mir das vorher allein schon von der Handhabung her nicht so recht vorstellen. Da es leider noch viel zu wenige Kinder gibt, die so aufwachsen, konnte ich auch nicht wirklich jemanden nach seinen Erfahrungen fragen. Damit es für euch leichter wird, habe ich meine hier niedergeschrieben. Trotzdem kann ich euch zusätzlich nur empfehlen, euch Menschen zu suchen, die das ebenfalls ausprobieren. Uns ist damals durch Zufall ein solches Pärchen über den Weg gelaufen. Der direkte Erfahrungsaustausch hat uns viel gebracht, denn letztlich ist jedes Kind und jedes Elternpaar anders. Auf jeden Fall sollte unsere Hebamme recht behalten, und das kleine neugeborene Würmchen pinkelte innerhalb kürzester Zeit frei ins Waschbecken.

### Abhalten

Beim Abhalten lehnt der Rücken des Babys gegen den Oberkörper des Erwachsenen, mit den Händen hält man die Oberschenkel des Babys in Hockstellung. So hält man das Kind entweder über das Waschbecken oder die Toilette. Alternativ setzt man sich selbst auf die Toilette und hält das Kind vor sich zwischen den Beinen. In freier Natur hockt man sich eher hin und lehnt das Kind auf die Oberschenkel.

Bei Neugeborenen muss man erst einmal ein Gefühl dafür bekommen, das winzige zerbrechliche Geschöpf in die richtige Position zu bringen. Schnell hat man den Dreh aber raus. Deutlich leichter wird das Festhalten, wenn das Kind bereits die erste Körperspannung entwickelt.

## Zeichen deuten

Jeder, der mit dem Thema in Kontakt kommt – bei mir war es nicht anders –, fragt als Erstes, wie denn solche Signale wohl aussehen mögen, die das Kind aussenden soll. Pauschal lässt sich das, wie immer, nicht beantworten. Es hängt vom Alter der Kinder ab, variiert phasenweise stark und kann bei jedem Kind anders sein.

Zu empfehlen ist es, sich am Anfang viel Zeit zu nehmen, das Kind nackt auf ein großes Handtuch zu legen und es sehr lange genau zu beobachten. Dabei kann man ganz normal mit dem Kind interagieren und doch herausfinden, was es tut, bevor es ausscheidet. Viel Zeit mit dem Kind hat man in der Regel sowieso, und ohnehin schaut man ja die ganze Zeit, was es tut. Dieser Schritt ist also erst einmal nicht sonderlich aufwendig.

In der Regel werden die Kinder unruhiger oder äußern ihr Unwohlsein, wobei sie es anfangs noch wenig genau zuordnen können. Meint man ein Zeichen entdeckt zu haben, nimmt man das Kind und hält es ab. Ist das Zeichen richtig gedeutet, wird meist innerhalb von zwei Minuten etwas kommen. Kommt etwas, kann man das Signal abspeichern und freudig mit dem Partner teilen. Kommt nichts, probiert man es weiter. Hat man ein Zeichen falsch gedeutet, zeigen die Kinder die mit zunehmender Körperkraft durch heftiges Winden und Zappeln, wenn man sie abhält.

Viele Eltern, die ganz normal Windeln nutzen, berichten mir, dass sie ebenfalls merken, wenn ihr Kind gerade sein Geschäft erledigt. Nur warten diese Eltern, bis das Kind fertig ist, und ziehen dann die Windel aus. Ich ziehe die Windel halt vorher aus.

Folgendes sind mögliche Zeichen, dass das Kind ausscheiden möchte:

### Bewegungen

Stärker werdendes Strampeln, Schütteln oder Nach-hinten-Schieben auf der Decke.

### Geräusche

Zunehmende Geräusche, andere Geräusche.

### Pupskonzert

Dann kam bei unserem Kleinen eine Phase, in der jeder Pups ein Garant dafür war, dass gleich etwas hinterherkam. Diese Phase war äußerst praktisch, aber leider auch irgendwann nicht mehr so verlässlich. Als Warnhinweis bleibt dieses Zeichen aber durchaus bestehen. Wenn das Kind vor allem mehrmals hintereinander pupst, kann das durchaus etwas bedeuten, muss es aber nicht. Das ist bei Erwachsenen ja auch nicht anders.

### Im Tragetuch

Im Tragetuch ist das Erkennen besonders leicht. In der Regel sind die Kinder still, genießen die Aussicht oder die körperliche Nähe. Wenn sie müssen, fangen sie an, sich zu bewegen, zu wackeln und unruhig zu werden. Bis sie dann ausscheiden, kann es noch eine ganze Weile dauern, weil Kinder ihre Eltern nicht einfach anpinkeln.

### Weinen

Wenn Kinder anfangen, ungehalten zu werden, zu jammern oder zu weinen, dann kann das nicht nur mit ihren anderen Bedürfnissen zusammenhängen, sondern auch mit dem Bedürfnis auszuscheiden. Gerade in der ersten Zeit, wenn Kinder keine andere Möglichkeit haben, sich zu äußern, kann das ein Signal sein. Wichtig ist es dabei, nicht jedes Unwohlsein einfach mit einem Schnuller zu beruhigen, sondern der Sache auf den Grund zu gehen. Vielleicht muss das Kind einfach nur aufs Klo oder hat schon die Windel voll. Wenn also kleine Babys satt sind, keine Schmerzen haben und es was zum Gucken gibt, sie sich aber trotz Schaukeln auf dem Arm nicht beruhigen lassen, dann ab zur Toilette.

### Im Schlaf

Unruhiger werdender Schlaf, strampeln, herumrollen, auf dem Bauch liegend den Po in die Höhe strecken (je nach Entwicklungsstand).

### Gesichtsausdruck

Der Gesichtsausdruck verkrampft sich, der Blick wird starr oder der Kopf rot. Bei diesem Zeichen ist das Kind kurz vor der Ausscheidung. Jetzt muss es schnell gehen. Aber selbst wenn es knapp danebengeht, merkt das Kind einen Zusammenhang.

### Blickkontakt

Das Kind sucht Blickkontakt, oder es versucht, diesen zu vermeiden.

### Privatsphäre

Kinder, die nicht windelfrei aufwachsen, suchen irgendwann gern private, zurückgezogene Orte, um in Ruhe ihr Geschäft (auch mit Windel) zu verrichten. Das kann in der Ecke unterm Hochbett oder unterm Esstisch sein. Wenn plötzliche, ungewohnte Stille in der Wohnung einkehrt, sollte man das vielleicht nicht nur genießen, sondern auch hellhörig werden.

### Gelegenheiten

Bei Windelfrei wird immer von Zeichen gesprochen, und Eltern werden ganz nervös, wenn sie die Zeichen nicht erkennen. Tatsächlich gibt es weder immer eindeutige Zeichen, noch geht es nur darum. Oft lässt sich das Abhalten mit logischem Menschenverstand umsetzen.

### Beim Trinken

Gerade bei Neugeborenen ist es normal, dass sie genau beim Trinken ihren Darm entleeren. Das ist zwar praktisch, weil man weiß, dass es kommt, aber nicht ganz einfach zu handhaben. Bis ich es schaffte, eine Schüssel so unter Levins Po zu schieben, dass er gleichzeitig noch trinken konnte, hat es eine Weile gedauert. Jede Ladung breiige Ausscheidung, die ich so nicht vom Po abkratzen musste, löste in mir aber so große Freude aus, dass ich das eine oder andere Malheur bereitwillig in Kauf nahm.

### Nach dem Schlafen

Jedes Kind muss, wie auch jeder Erwachsene, nach einem langen Schlaf auf die Toilette. Auch dann, wenn das Kind immer eine Windel trägt und mit Windelfrei wenig am Hut hat, ist es eine gute Idee, nach jedem Schlaf erst einmal auf die Toilette zu gehen und die Möglichkeit des Ausscheidens zu bieten. Das kann wirklich jeder machen. Mit der Zeit haben die Kinder das so drin, dass sie nachts nur noch sehr selten pinkeln.

### Kurz vorher

Andere gute Gelegenheiten, um es einfach mal zu probieren, sind vor dem Verlassen der Wohnung, nach dem Heimkehren oder vor langen Fahrten.

## Rituale

Rituale haben für Kinder eine besondere Bedeutung. Sie geben ihnen Sicherheit, Vorhersehbarkeit und Vertrauen. Auch beim Toilettengang kann es Rituale geben, so etwa immer vor dem Essen oder, ganz wichtig, vor dem Schlafengehen.

### Regelmäßigkeit

Manche Kinder entwickeln einen sehr regelmäßigen Ausscheidungsrhythmus, nach dem man die Uhr stellen kann. Gerade nach der Geburt kann das Kind auch schon mal alle 20 Minuten pinkeln; aber keine Sorge, die Abstände werden stetig länger. Spannend ist es vor allem, diese Intervalle mitzubekommen, die sonst unbemerkt in der Windel landen. Auch das Anbieten von Klogängen in regelmäßigen Abständen ist eine gute Möglichkeit für das Kind, sich an das Abhalten zu gewöhnen. Gerade wenn die Kinder älter werden und sehr in ihr Spiel vertieft sind, unterdrücken sie ihre Bedürfnisse gern auch, weil sie weiterspielen möchten. Deshalb ist es sinnvoll, für das Kind mitzudenken. Wichtig ist aber auch, das Spiel zu respektieren und es nicht unvorbereitet herauszureißen. Eine behutsame Ansprache und ein Moment Bedenkzeit sind gerade dann wichtig, wenn die Kinder schon ein ausgeprägtes Ego haben und nicht immer sofort das tun wollen, was die Eltern gerade wollen.

Die Fähigkeit zum »Anhalten« bringt das Kind schon von Geburt an mit und verlernt es erst, wenn dieser Muskel im Alltag keine Rolle mehr spielt und nicht darauf geachtet wird.

### Signale setzen

Es können auch Geräusche als Signal gesetzt werden, die das Kind mit dem Ausscheiden verbindet. Dafür wird das jeweilige Geräusch bei jedem Pipi und jedem Kacka über einen längeren Zeitraum wiederholt. Aber auch eine Zeichensprache wie das Babysigning kann eine gute Vereinfachung sein. Babysigning ist der Gebärdensprache entlehnt und auf die reduzierten Bedürfnisse und Fähigkeiten von Babys und Kleinkindern ausgelegt. Mit ihr hat das Kind, schon lange bevor es sprechen kann, die Möglichkeit, seine Bedürfnisse klar zu äußern, und zu diesen Bedürfnissen gehört eben auch das Ausscheiden. Statt dieser festgelegten Zeichen können natürlich auch eigene vereinbart werden. Es ist nur wichtig, dass die Bewegungen nicht zu komplex sind, damit die Kinder sie auch nachmachen können. Die Bewegungen und Signale werden in der Regel erst einmal von den Eltern festgelegt und sollten wenn möglich konstant bleiben. Sollte das Kind in seiner Entwicklungsphase aber selbstständig Signale setzen oder ändern, ist es sinnvoll, diese zu übernehmen.

Ich habe sowohl Geräusche als auch Handbewegungen ausprobiert. Beides konnte sich aber bei uns nicht durchsetzen. Einerseits kam ich mir manchmal etwas albern vor (obwohl dies allein dem dämlichen gesellschaftlichen Druck geschuldet war), andererseits hatte ich aber auch den Eindruck, dass es zu früh für unseren Sohn war, solche Handzeichen nachzumachen. Jedes Kind ist in seiner Entwicklung eben einzigartig, die einen sind schneller, die anderen langsamer (das ist vollkommen o. k., und es besteht überhaupt kein Grund, sie wertend zu vergleichen).

Deshalb bin ich schnell dazu übergegangen, nur Klartext zu reden und »Pipi« und »Kacka« zu sagen. Auch wenn es länger dauert, bis sie sprechen können, verstehen die Kinder doch schon sehr früh. Und so kann man auch schon sehr früh nach Pipi und Kacka fragen. Bekannte von uns waren mit Handzeichen jedoch sehr erfolgreich. Ihre Tochter konnte, lange bevor sie Pipi sagen konnte, schon signalisieren, was los ist.

### Ausnahmen

Zeichen und Gelegenheiten können je nach Alter und Lebensphase stark schwanken. Mit dem Entwicklungsstand ändert sich die Art und Weise, wie die Kinder sich bemerkbar machen. Auch wird es immer Phasen geben, in denen rein gar nichts funktioniert – in denen die Kinder immer danebenpinkeln oder mehr. Manche Eltern kann das ganz schön frustrieren. Es ist aber relativ normal. Wenn Kinder krank werden oder Wachstums- oder Entwicklungsschübe durchmachen, sind ihre Aufmerksamkeit und ihre Mitteilungsfähigkeit verändert. Tröstet euch mit der Gewissheit, dass nach jedem Tief ein Hoch folgen wird.

### Nachts

Dass Windelfrei auch nachts funktioniert, ist für junge Eltern besonders schwer vorstellbar. Tatsächlich ist es mitunter sogar einfacher, weil viele andere Regungen des Kindes, die eventuell verwechselt werden können, im Schlaf ausgeschaltet sind. Das Einzige, was bleibt, sind der Wunsch nach der Brust und das Bedürfnis auszuscheiden. Beides auseinanderzuhalten ist nicht ganz einfach, weil das Kind es selbst nicht unbedingt kann. Oft steht aber sogar beides an. Geht man erst zum Klo, kann man das Kind im Anschluss an der Brust wieder zum Einschlafen bringen. Sobald das Stillen vorbei ist, hat sich das Problem erledigt und Kinder beginnen sehr schnell durchzuschlafen. Nach dem Abstillen begann bei uns eine wirklich lange Phase, in der wir den Harndrang unseres Sohnes daran erkennen können, dass er immer unruhiger schläft und zappelig wird. Ich werde davon meistens bald wach und gehe mit ihm aufs Klo. Natürlich ist es mehr Arbeit, nachts aufs Klo zu gehen, als einfach die Windel füllen zu lassen. Meinem Sohn auch untenrum Freiheit zu ermöglichen, ist mir das nächtliche Aufstehen aber wert. Mit dem Abstillen wird es zudem schnell weniger, sodass ich nun meist nur noch einmal in der Nacht aufstehe. Seit Levin eineinhalb ist, gibt es auch immer häufiger Nächte, in denen gar nichts passiert.

Da das Pipiverhalten aber gewissen Phasen unterworfen ist, ist das nachts nicht anders. So gibt es Zeiten, in denen wir häufiger Pipi im Bett haben. Da unser Sohn schon so lange keine Windel mehr trägt und das auch wirklich nicht mehr möchte, kommt eine Nachtwindel für uns nicht infrage. Aber das kann jeder für sich selbst entscheiden. Schließlich ist eine versaute Matratze, die vielleicht bald entsorgt wird, auch keine sinnvolle Alternative. In unsicheren Phasen legen wir zusätzlich dicke Handtücher unter das Bettlaken, damit die Matratze möglichst verschont bleibt. Auch wasserundurchlässige Wickelunterlagen können hier gut verwendet werden. Wenn doch Pipi in der Matratze landet, dann kann man den Geruch mit Natron neutralisieren. Ist der Fleck noch feucht, wird erst so viel Flüssigkeit wie nur möglich mit einem Handtuch oder dem ohnehin schon nassen Bettlaken aufgenommen. Dann kann das Natronpulver direkt auf dem Fleck verteilt und eingerieben werden. Abends lässt es sich dann mit dem Staubsauger absaugen. Getrocknete Flecken benetzt man erst mit Wasser und gibt dann das Natron darauf.

Den Kindern anzuhören, wann sie aufs Klo müssen, funktioniert natürlich nur, wenn sie im selben Zimmer wie die Eltern schlafen. Das ist bei uns der

Fall. Andernfalls wird man um eine Nachtwindel wahrscheinlich nicht herumkommen. Aber auch hier ist jedes Kind anders. Vielleicht klappt es ja bei euch. Vorteilhaft ist es in jedem Fall, dem Kind vor dem Schlafen nicht noch allerhand Getränke anzubieten, wenn es nicht von sich aus danach fragt.

Wegen Feststoffen in der Nacht muss man sich keine Sorgen machen. Sobald das Kind mehr oder weniger feste Nahrung zu sich nimmt und es nicht gerade krank ist, ist Stuhlgang in der Nacht eher selten. Wir hatten es seit der Beikost nur ein einziges Mal, und da hatte Levin Durchfall.

## Alter

Im allerbesten Fall beginnt man mit dem Abhalten gleich nach der Geburt. So wissen die Kinder direkt von Anfang an, wie das geht, und müssen sich nicht umstellen. Auch wirkt sich das Abhalten günstig auf die »Dreimonatskoliken« aus, weil die Ausscheidung durch die Hockstellung erleichtert wird und man mit den kleinen Oberschenkeln gleichzeitig sanft den Bauch massieren kann.

Es besteht aber kein Grund zur Panik, wenn das nach der Geburt nicht gleich passiert. Überhaupt besteht kein Grund zur Panik. Windelfrei muss weder dogmatisch noch stressig sein. Jeder kann jederzeit damit anfangen und es mal mehr oder mal weniger betreiben. Eine gewisse Kontinuität ist für das Kind und für das Gelingen aber schon vorteilhaft.

Deutlich einfacher wird es, sobald das Kind anfängt, neben Muttermilch auch andere Nahrung zu sich zu nehmen. Bei uns begann das nach einem halben Jahr. Der Stuhl wird fester, und es fällt dem Kind deutlich leichter, die Ausscheidung zu kontrollieren. Wer bisher nicht abgehalten hat oder bei wem es bisher nicht besonders gut geklappt hat, für den ist dies ein guter Zeitpunkt, damit (erneut) zu beginnen.

Häufig heißt es, die anfänglichen Signale der Kleinen lassen mit der Zeit nach, wenn die Kinder merken, dass sie nicht gehört werden. Ich glaube, das stimmt nur bedingt. So sieht man Kindergartenkindern ihre zusammengekniffenen wackeligen Beine gut an – nicht anders als Erwachsenen. Was reine Wickelkinder aber erst mühsam wieder lernen müssen, ist ein Gefühl fürs Anhalten und Kontrollieren der Muskeln. Jede Frau, die im Rückbildungskurs versucht, ihren Beckenboden anzuspannen, weiß, wie schwer es ist, Muskeln zu benutzen, von denen frau bisher nicht wusste, dass es sie gibt.

Offensichtlich gewöhnen sich Kinder an Windeln und bauen sogar eine emotionale Bindung dazu auf. Diese Bindung später zu lösen ist schwieriger, als sie gar nicht erst entstehen zu lassen. Gerade die ersten neun Monate schätze ich dafür als ideal ein, aber auch darüber hinaus kann jederzeit damit gestartet werden. Ein verpasster Zeitpunkt muss uns nicht als Ausrede dienen. Jedes Kind ist sowieso individuell und hat seine individuellen Zeiten.

## Unterwegs

Wirklich erstaunt hat mich auch die Erkenntnis, dass selbst kleinste Babys schon ihren Ausscheidungsdrang unterdrücken, quasi anhalten können. Es fängt an mit zehn Minuten und steigert sich so weit, dass mein Sohn oft länger anhalten kann als ich. Aber auch diese Fähigkeit ist phasenweise ganz unterschiedlich ausgeprägt. Deshalb wird man natürlich versuchen, zeitnah einen Ort aufzusuchen, an dem das Kind ausscheiden kann. Unterwegs ist das weniger trivial als zu Hause, und gerade unsere Großstädte sind auf solche Bedürfnisse nicht immer gut ausgelegt. Es gibt wenige öffentliche Toiletten, sodass man sich manchmal etwas einfallen lassen muss. Gerade mit einem süßen kleinen Kind gibt es aber niemanden, der einen nicht auf seine Laden- oder Lokaltoilette lässt, auch wenn diese eigentlich nur für Kunden oder für Mitarbeiter bestimmt ist. Findet sich keines von beiden, so muss halt der nächste Busch dran glauben. Tatsächlich macht unser Sohn relativ häufig in irgendwelche Büsche oder pinkelt an Bäume. Gerade auf dem Spielplatz ist das nicht wirklich zu vermeiden.

Eine große Kritik an Windelfrei ist, dass Kinderkacke genauso wenig in unsere Grünstreifen gehört wie Hundekacke. Dem stimme ich theoretisch auch zu. Praktisch ist es mir aber nicht möglich, es anders zu machen, wenn einfach keine öffentlichen Toiletten in der Nähe sind. Wenn das wenige Kinder machen, ist das auch kein Problem, und unsere Ausscheidungen sind ja ein guter Dünger. Wenn mehr Kinder abgehalten werden, wenn das sogar zur Normalität werden sollte, dann werden sich die Städte und Gemeinden darauf einstellen und entsprechende Örtchen schaffen müssen. Der Druck für solche Veränderungen wächst wie immer von unten. Bis es so weit ist, mache ich mit meinem Sohn mit sehr gutem Gewissen in die Büsche, denn das ist immer noch besser, als Windeln zu benutzen.

Ein Häufchen nach dem Geschäft wegzumachen, das sollte man aber schon hinbekommen. Ich bin meist kreativ und nutze, was da ist, beispielsweise Stöcke, um ein Loch zu buddeln, oder Blätter zum Bedecken. Es sollte nicht sichtbar sein, es sollte nicht stinken und niemand sollte reintreten können. Eine wirklich tolle Möglichkeit für gut organisierte Eltern ist die, immer eine kleine Schaufel dabeizuhaben. Damit kann man zum einen alles prima verbuddeln, zum anderen hat man stets ein Spielzeug parat. Ganz bewusst zeige ich meinem Sohn sein »Würstchen« und auch, wie ich es verbuddele. Das Ganze soll möglichst normal und natürlich für ihn sein.

Abwischen kann man den Po mit einem feuchten Waschlappen, der dann im Wetbag verschwindet. Je trockener unser Sohn jedoch ist, desto seltener habe ich all dieses Equipment dabei. Meist wische ich ihn mit Blättern ab. Das mag nicht jedermanns Sache sein, für mich funktioniert es jedoch wunderbar und ist die allerwenigste Arbeit.

## Ausstattung und Kleidung

Es gibt jede Menge praktisches Zubehör für das Thema Windelfrei. Was man davon wirklich braucht, sollte man sich hier aber genauso fragen wie bei allem anderen Baby- und Kinderbedarf. Wenn es letztlich dazu führt, dass man entspannt und erfolgreich abhalten kann, so ist es die Investition meiner Meinung nach wert.

## Asiatöpfchen

Das Asiatöpfchen ist ein Töpfchen (ob es so heißt, weil die Asiaten uns da so weit voraus sind?), das ein bisschen aussieht wie eine Rührschüssel fürs Sahneschlagen – schmal, tief und mit sehr breitem Rand. Dieses Töpfchen hat den Vorteil, dass man es wegen seiner schlanken Form gut zwischen die Beine klemmen kann. Eine ganz normale Schüssel oder ein Topf, die man sowieso zu Hause hat, tun es aber auch. Gerade für die Phase, in der es regelmäßig beim Stillen zum großen Geschäft kommt, kann das Töpfchen praktisch sein. Ich hatte den Dreh irgendwann auch ohne Spezialtopf raus, und dann war diese Phase auch schon wieder vorbei.

## Schlitzhose

Für Windelfrei-Babys und -Kinder gibt es praktische Schlitzhosen. Mit einem Schlitz im Schritt muss nicht immer das ganze Kind ausgepackt werden, wenn die Signale darauf hindeuten, dass es mal muss. Die Hose kann angezogen bleiben und das Kind pinkelt durch den Schlitz. Hier gibt es verschiedene Modelle. Teils besteht der Schlitz nur aus überlappendem Stoff, teils wird ein weiterer Stoffstreifen von außen durch den Schritt geführt und an der Hose zum Beispiel mit Klettverschluss befestigt.

Solche Hosen sind praktisch, aber auch nur dann, wenn das Kind darunter nichts anhat. In Kombination mit einer Windel oder einer Unterhose machen sie das Leben hingegen zusätzlich kompliziert. Auch sind sie eher etwas für den Sommer, weil das Ganze mit einer Strumpfhose darunter natürlich ebenfalls nicht funktioniert.

Gerade in Phasen, in denen man viel ausprobiert, zu Hause ist und es nicht stört, wenn das Kind in die Hose statt in die Windel macht, ist die Schlitzhose praktisch. Oder eben dann, wenn man sich wirklich schon relativ sicher ist und das Kind sowieso keine Windel mehr trägt.

## Stulpen

Alternativ geht es gerade zu Hause auch gut mit einem langen Kleidchen (das kann man auch bei Jungs machen, wenn man sich traut) oder offenen Body und einem Paar Stulpen nach Bedarf. So sind die Beine warm und der Po kann uneingepackt bleiben.

Da man gerade in der etwas unsicheren Anfangsphase des Abhaltens häufiger zum Klo rennt, ist es praktisch, wenn das Kind nicht immer wieder vollständig aus- und angezogen werden muss. Eine Stoffwindel oder ein Trainingshöschen können ebenfalls gut mit langen Stulpen ergänzt werden.

### Trainingshöschen

Zwischen Windel und keine Windel gibt es noch einige Abstufungen. Trainingshöschen sind Unterhosen mit mehreren saugfähigen Stofflagen im Schritt, oft auch mit einer wasserdichten PUL-Schicht. Diese Höschen können auch beim ganz normalen »Trocken werden« von Windelkindern gut verwendet werden. Alternativ und günstiger lassen sich auch Windeleinlagen in die Unterhose legen.

### Windelfrei-Slips

Diese Unterhosen kann man vorne aufknöpfen, um das Kind abzuhalten, ohne die Hose runterziehen zu müssen. Im Sommer ist das praktisch. Wenn jedoch eine weitere Hose darüber getragen wird, dann kommt man an die Knöpfe nicht mehr dran. Wer nicht zufällig so eine Hose hat oder geschenkt bekommt, der kann wahrscheinlich gut darauf verzichten. Eine normale Hose herunterzuziehen dauert nicht länger.

### Windelgürtel

Gerade bei den ganz kleinen Babys sind sogenannte »Windelgürtel« eine gute Alternative. Das sind eine Art Bauchgummis oder -gürtel, in die eine Einlage hineingesteckt wird.

Bei Minimal Nappys ist an den Windelgürtel direkt ein Träger für die Einlagen angenäht. Das verbessert einerseits die Stabilität, verrutscht also nicht so schnell und ist leicht anzulegen. Andererseits muss aber auch immer das ganze Teil gewaschen werden.

Trainingshöschen und Co. bieten zwar einen gewissen Schutz, dienen aber nur als Back-up. Sie müssen direkt gewechselt werden und erlauben es dem Kind, unmittelbar den Zusammenhang zwischen Ausscheiden und nassem Gefühl zu verstehen.

### Bettunterlagen

Es gibt spezielle Bettunterlagen, die sowohl saugfähig als auch wasserdicht sind. Anstatt sich so eine spezielle Unterlage zu besorgen, kann man aber auch improvisieren und Wickelunterlagen oder andere wasserabweisende oder wasserdichte Unterlagen, die man sowieso daheim hat, nehmen und unter das Bettlaken legen.

### Unpraktisches

Definitiv unpraktisch sind Strampler. Sie nachts aufzuknöpfen, um das Kind abhalten zu können, dauert zu lange, ist nervig und weckt das Kind unnötig auf. Am besten schläft es unten ohne oder nur in einer Stoffwindel, je nach Temperatur in einem Babyschlafsack, den man untenrum schnell öffnen kann.

Auch Bodys habe ich eher als hinderlich empfunden. Das ständige Aufknöpfen war mir meist zu mühselig. Wenn es nicht zu kalt dafür war, habe ich die Knöpfe einfach aufgelassen. Dann sind Bodys schon praktisch, weil sie so lang sind und wie ein gutes Unterhemd funktionieren.

## Der Gang aufs Klo – eine ganz natürliche Sache

Unabhängig ob Töpfchen oder nicht und ob windelfrei oder nicht, erleichtert es den Prozess des Ausscheidens in der Toilette ungemein, wenn auch die Eltern offen und entspannt damit umgehen.

*In unserem Haushalt steht die Tür des Badezimmers tatsächlich meistens auf, wenn wir aufs Klo gehen. Dadurch ist es für den Nachwuchs das Natürlichste der Welt, und er kann immer zuschauen, wie es geht.*

*Diese Offenheit irritierte mich zunächst, als ich nachträglich in die Familie hineinwuchs. Schnell merkte ich jedoch, dass es meinem Wesen entsprach, innerhalb der Familie keine Scham zu haben, und ließ die Tür ebenfalls offenstehen. Gerade in einer Familie mit sechs Personen und nur einem Badezimmer ist alles andere auch nicht gerade eine Erleichterung. Die älteren Kinder im Haushalt distanzieren sich naturgemäß irgendwann davon. Ich bin aber jetzt schon gespannt, ob sie es in ihrer eigenen Familie vielleicht auch wieder so halten werden.*

Selbst wer nicht mit offener Tür pinkelt, der kann dem Kind beibringen, dass Stuhlgang etwas ganz Normales ist, indem man es häufiger dabei sein lässt oder zumindest die Tür dann auflässt, wenn man mit dem Kind allein in der Wohnung ist – dann kommt man ja meist sowieso nicht drum herum.

*Bereits bei meinem Umstieg auf Zero Waste kam in mir das Gefühl hoch, dass wir einen großen Teil unserer natürlichen Körperfunktionen einfach ausblenden. So ekelte ich mich, wie ich mich erinnere, früher vor wirklich allem. Und deshalb kann ich sehr gut nachvollziehen, warum es vielen Menschen so schwerfällt, sich von Klopapier, Einwegtaschentüchern und Küchenrolle zu verabschieden. Bei mir war es ein sehr bewusster Prozess, mich von diesen Helferlein zu trennen, der einsetzte, als ich auf Reisen ging. Ich hatte keinen Platz für viel Gepäck, und die Ausstattung an den Orten, an denen ich mich aufhielt, umfasste keinerlei Einwegprodukte. Niemand hätte sie sich leisten können, und niemand hätte Lust gehabt, sich um ihre Entsorgung zu kümmern. Ich lernte meinen Körper also auf die harte Tour richtig kennen. Das Ganze wurde mir dadurch leichter, dass ich es einerseits für unglaublich unnatürlich empfand, wie ich mich anstellte, und andererseits nicht davon abhängig sein wollte, Hygieneartikel auf meinem Fahrrad zu transportieren. Das entspannte Verhältnis zu meinem Körper und all seinen Funktionen, das sich dadurch entwickelte, nahm ich mit nach Hause, und es hilft mir, gerade bei der natürlicheren Lebensweise Zero Waste wesentlich flexibler zu sein.*

Letztlich kommt ein solches Verhältnis zu den eigenen körperlichen Vorgängen auch dem Umgang mit den Ausscheidungen des Kindes zugute. So hatte ich nie Hemmungen, mein Kind unter fließendem Wasser mit der Hand zu reinigen.

# Stoffwindeln

*Für mich war schon lange bevor ich überhaupt mit Zero Waste anfing klar, dass ich unbedingt Stoffwindeln benutzen wollte, sollte ich einmal ein Kind bekommen. Ich glaube, ich hatte diese feste Überzeugung, weil meine Eltern ebenfalls mit Stoffwindeln gewickelt hatten. Jedenfalls dachte ich das immer. Dass das gar nicht stimmte, fand ich erst heraus, als mein eigenes Kind da war und mein Vater aus dem Nähkästchen zu plaudern begann. Ich finde das sehr spannend, weil es zeigt, welchen Einfluss wir auf unsere Kinder haben allein dadurch, was wir ihnen vorleben. Wir können das wirklich als Chance nutzen und ihnen ein gutes Vorbild sein.*

*Stoffwindel ist aber nicht gleich Stoffwindel, wie ich herausfinden durfte. Als ich anfing, mich mit den verschiedenen Modellen zu beschäftigen, war mein erster Eindruck: Wer soll das kapieren? Welche Überhose gehört nun zu welcher Einlage? Was wäscht man wann? Was ist wasserdicht und was nicht? Welcher Teil welcher Hose passt zu welchem Alter?*

Es gibt so viele verschiedene Systeme, bestehend aus verschiedenen Komponenten, verschieden kombinierbar, nach Altersstruktur unterschiedlich, und alles hat Pro und Kontra. Wer anfängt, sich mit Stoffwindeln auseinanderzusetzen, der kann leicht in der unglaublichen Fülle an Angeboten und Systemen verzweifelt aufgeben. Damit es bei euch nicht so weit kommt, stelle ich euch die wesentlichen Unterschiede der Stoffwindeln vor. Es gibt aber auch zahlreiche Angebote, sich on- und offline mit anderen darüber zu informieren und auszutauschen. Es gibt Stoffwindelberatungen, Workshops, Stammtische und verschiedene Social-Media-Gruppen, die sich mit dem Thema auseinandersetzen, und auch einige Unverpackt-Läden und Spezialgeschäfte, die beraten können.

Tatsächlich muss man aber wie bei so vielen Dingen selbst herausfinden, was zu einem passt, indem man es ausprobiert. Daher ist es sinnvoll, dass ihr euch mit diesem Grundwissen ein paar verschiedene Modelle anschaut, die euch zusagen. Dabei ist es hilfreich, dies schon vor der Geburt zu tun und bereits ein paar Windeln im Haus zu haben, ist so doch die Wahrscheinlichkeit deutlich höher, dass man sich einfach mal an die Sache herantraut. Gerade in den ersten Wochen nach der Geburt ist sowieso alles anders, und man ist viel zu Hause, sodass man auch gelassen ausprobieren kann.

## Stoffwindelsysteme

Die Windelsysteme lassen sich ganz grob in zwei Kategorien einteilen. 1-Schritt-Windeln und 2-Schritt-Windeln. Beide Kategorien haben ihre Vorzüge.

Bei den 2-Schritt-Windeln wird zunächst der saugfähige Kern und in einem zweiten Schritt die wasserdichte bzw. wasserabweisende Schicht angelegt. Das ist erst einmal mehr Arbeit, aber gerade für jüngere Babys von Geburt an zu empfehlen. Durch die zwei Schichten kann die Windel dem Baby individuell angepasst werden, egal ob es dicke oder dünne Beinchen hat. Dieses System ist also gerade in der Anfangsphase sicherer und hält auch Kacka in der inneren Windel.

Bei den 1-Schritt-Windeln werden beide Schichten in einem angelegt. Gerade wenn die Kinder älter werden, erspart man sich mit diesem System einen Arbeitsschritt. Besonders interessant wird das, wenn sie mobil sind und beim Wickeln einfach immer abhauen.

### Saugschicht für 2-Schritt-Windeln

#### Mullwindeln

Diese quadratischen Tücher mit der markanten Webstruktur kennt jeder und führt auch fast jeder, der Kinder hat, in seinem Haushalt ein. Nur die wenigsten benutzen sie aber noch gemäß ihrem ursprünglichen Verwendungszweck. Sie sind so beliebt, weil sie sehr robust, gleichzeitig aber weich und heimelig und so vielseitig einsetzbar sind. Gerade für Neugeborene sind diese Tücher wegen ihrer geringen Größe und der Flexibilität zu empfehlen. Wer sie später nicht mehr zum Wickeln benötigt, kann sie für zahlreiche andere Anwendungen nutzen.

Für die Mullwindel gibt es verschiedene Bindetechniken. Wie für alles gibt es auch dafür zahlreiche YouTube-Videos, mit denen man prima zu Hause im Mutterschutz oder im Wochenbett üben kann. Diese Faltung hält von allein, spätestens wenn die zweite Schicht darüber angelegt ist. Alternativ kann man die Windel aber auch mit speziellen Klammern, sogenannten Snappies, fixieren, um die Bindung zu halten.

Fazit: Mullwindeln sind sehr günstig, flexibel und ohne Kunststoff, die Bindung dauert aber etwas länger. Ideal für Neugeborene und niemals eine Fehlinvestition.

### Bindewindeln/Strickwindeln

Die Bindewindeln bestehen aus einem Feinripp-Strickteil mit zwei langen Schnüren zum Binden. Mit dieser Form sind sie weniger flexibel als Mullwindeln. Sie erleichtern das Binden aber durch die Schnüre, die am Ende mit einer Schleife zusammengebunden werden, und sind sehr saugfähig.

Nach wenigen Monaten sind die Babys aus der Mullwindel herausgewachsen, und es kann auf die Bindewindel umgestiegen werden. Auch sie ist sehr auslaufsicher, weil sie sich individuell an den Körper anpassen lässt. Damit ist sie auf die jeweilige Größe einstellbar und passt für Kinder von wenigen Monaten bis zu zwei Jahren.

Damit die Windel wirklich dicht ist, ist etwas Übung gefragt. Wichtig ist, dass sie an den Beinen eng anliegt. Deshalb und wegen ihrer guten Saugfähigkeit ist sie besonders auch für die Nacht zu empfehlen, selbst wenn man tagsüber bereits auf andere Windelsysteme umgestiegen ist oder Windelfrei praktiziert.

In Kombination mit Windelfrei sind solche Windeln jedoch eher ungeeignet, weil man durch das Binden zu lange braucht, um das Kind herauszupellen. Wer immer mal wieder probieren möchte, ob das Kind aufs Klo muss, der wird auf Dauer andere Systeme bevorzugen.

Fazit: Bindewindeln sind günstig, saugstark und kommen ohne Kunststoff aus. In Kombination mit Windelfrei sind sie weniger geeignet, dafür aber ideale Nachtwindeln ab ca. zwei bis drei Monaten.

### Windelhöschen

Windelhöschen werden mit Klettverschluss oder Druckknöpfen geschlossen. Dadurch kann man sie schneller anlegen, nämlich wie eine normale Windel auch. Dabei muss man aufpassen, dass sie am Bein gut anliegen. Diese Windeln sind teurer als Mull- und Bindewindeln und kommen nicht gänzlich ohne Kunststoff aus. Der Stoff selbst kann entweder aus Baumwolle, Mikrofaser oder Bambusviskose sein. Ich würde hier Baumwolle bevorzugen. Sollten sie mit der Zeit steif werden, wie man ihnen nachsagt, können sie in der Waschmaschine mit 200 ml Apfelessig gewaschen werden. Der Essig funktioniert wie ein Weichspüler und macht die Fasern wieder weich.

Bambusviskose stammt zwar ebenfalls aus einem natürlichen Material, zur Herstellung sind allerdings viele üble Chemikalien notwendig. Von Mikrofaser würde ich ebenfalls absehen. Nicht nur ist dies ein synthetisches Material, es hinterlässt auch jede Menge Mikroplastik im Abwasser, das von den Kläranlagen nicht herausgefiltert wird.

Fazit: Die Windelhöschen sind etwas teurer und enthalten Kunststoffteile. Dafür ist das Anbringen schneller und sie sind auch mit Windelfrei gut kombinierbar. Alle drei Innenwindeln kann man sehr gut gebraucht kaufen. Bei einem Neukauf sollte auf Bioqualität geachtet werden, um sowohl das Kind als auch die Umwelt nicht unnötig mit Schadstoffen zu belasten.

## Wasserdichte Schicht für 2-Schritt-System

Die wasserdichte Schicht wird in diesem System wie bereits erwähnt erst im zweiten Schritt angelegt. Der Saugkern macht zwar die meiste Arbeit, aber ohne eine dichte Abschlussschicht geht es nicht. Dafür gibt es zwei Möglichkeiten: Entweder setzt man auf ein wasserdichtes Kunststoffmaterial, meist PUL, oder auf natürliche Schafwolle.

### Kunststoffhöschen

Kunststoffhöschen sind meist einfache Plastikhöschen, die übergezogen oder geknöpft werden. Die geknöpfte Variante ist hier sicherlich vorteilhafter, weil sie einfacher angelegt werden kann, und dies sogar dann, wenn das Kind steht. Während diese Hosen früher ziemlich übel aussahen, gibt es sie mittlerweile in unzähligen schönen, bunten Stoffen. Wer gebraucht kauft, der stößt vielleicht noch auf die älteren Modelle. Letztlich ist es aber nur eine optische Frage, die Funktion ist weiterhin gegeben. Auf ein gebrauchtes Modell zu setzen bleibt immer die ökologischste Variante und rechtfertigt das Verwenden von Kunststoffhosen eher.

Fazit: Leider aus Kunststoff, dafür aber sehr einfach anzuwenden.

### Wollhosen

Die wasserdichten Modelle sind zwar pflegeleichter, aber auch Schafwolle hat ihre Vorzüge. Nicht nur ist die Wolle ein natürlicher und nachwachsender Stoff, der zudem biologisch abbaubar ist. Sie ist zudem atmungsaktiv, schützt so den Po vor Entzündungen und reguliert die Temperatur sowohl im Winter als auch im Sommer. So kommt es erstaunlicherweise auch im Sommer in dieser Hose seltener zu einem Temperaturstau.

Die Schafwolle tut auch einen weiteren, wirklich faszinierenden Dienst. Sie enthält das sogenannte Lanolin, ein Wollfett, das den Schafen dazu dient, sich vor Nässe zu schützen. Auch in der verarbeiteten Wolle ist dieses Fett enthalten. So ist eine Überhose aus Schafwolle zwar nicht zu 100 Prozent wasserdicht, dafür aber erstaunlich wasserabweisend, was für den Zweck vollkommen ausreicht. Durch das Lanolin, das zudem noch Gerüche reguliert, muss die Hose auch nicht jedes Mal mitgewaschen werden, sondern nur hin und wieder. Im Idealfall wird sie bei jedem Windelwechsel ausgetauscht und an der Luft getrocknet, weil sie von innen meist leicht feucht ist. Erst wenn die Windel stark riecht oder durch Kot verschmutzt ist, muss sie gewaschen werden. Das kann bis zu vier bis sechs Wochen dauern.

## 1-Schritt-Windeln

Der Charme dieser Windeln liegt in ihrer einfachen Handhabung. Komplizierte Bindetechniken sind nicht erforderlich, denn sie lassen sich öffnen und schließen ganz so, wie Einwegwindeln auch. Sie bestehen aus einer wasserdichten oder wasserabweisenden Windel, in die je nach Bedarf Saugeinlagen eingelegt werden können. Bei manchen Systemen wird dafür eine extra Schicht eingelegt (z. B. *Windelmanufaktur*).

Die Unterschiede finden sich im Material, in der Lage des Saugkerns und in der Verschlussart. Die wenigsten dieser Systeme bestehen aus rein natürlichen Materialen. Die wasserdichte Schicht ist meist aus PUL, also Kunststoff, dafür sind sie so unkompliziert in der Handhabung, dass auch Eltern, die nur Einwegwindeln kennen, problemlos auf sie umsteigen können. Außerdem gibt es sie in so vielen verschiedenen süßen Mustern, dass frischgebackenen Eltern das Herz aufgeht, weil sie einfach schön sind. Diese Windeln sind in der Anschaffung teurer als die anderen Modelle, dafür aber immer noch günstiger als Einwegwindeln und ähnlich komfortabel wie diese. Sie funktionieren auch genauso: Mit Druckknöpfen oder Klettverschluss ausgestattet, können sie in Windeseile an und ausgezogen werden. Wer auf Kunststoffmaterialien verzichten möchte, findet mittlerweile auch 1-Schritt-Windeln aus Schafwolle (z. B. *Responsible Mother*, *Puppy*).

Durch das schnelle An- und Ausziehen sind 1-Schritt-Windeln ideal in Kombination mit Windelfrei. Unterschieden wird in zwei Systeme:

### Pop-in

In die Trägerwindel werden die Einlagen eingelegt und bei Bedarf ausgetauscht. In der Regel liefern die Händler spezielle Einlagen mit der Windel mit. Tatsächlich kann aber alles in die Windel hineingelegt werden, was irgendwie saugt – so auch die praktischen Mullwindeln. Der Vorteil bei dieser Windel ist, dass, weil die verschiedenen Schichten übereinandergelegt werden, es oft ausreicht, den Saugkern auszuwechseln, ohne gleich die ganze Windel waschen zu müssen. Das spart nicht nur Windelwäsche, sondern auch Geld, weil weniger Außenwindeln benötigt werden.

### All in One/Taschenwindel

Bei diesem System ist die Saugschicht entweder an der Außenwindel befestigt oder wird in eine Tasche hineingeschoben (Pocketwindel). Manche nutzen das System trotzdem gern, weil es für Tagesmütter und Kitas ganz besonders unkompliziert in der Handhabung ist. Ich persönlich würde jedoch eher davon abraten, da man einfach zu viel waschen muss. Die Windelpakete können auch mit Pop-in-Windeln so vorbereitet werden, dass sie für Betreuungspersonen leicht einzusetzen sind.

## Saugeinlagen

In jedes Windelsystem können nach Belieben und nach Bedarf verschiedenste Einlagen eingelegt werden:

- mitgelieferte und darauf zugeschnittene Einlagen
- multifunktionale Mullwindeln
- sogenannte Prefolds, das heißt Einlagen, die bereits aus mehreren Lagen Stoff bestehen
- alles andere, was im Notfall gerade gefunden wird: Waschlappen, Molton und sogar die Bindewindeln selbst

Wer die Systeme einmal verstanden hat, der kann flexibel alles so kombinieren, wie er es gerade braucht.

## Wo kaufen?

Stoffwindeln werden überall in der Welt produziert. Um die regionale Produktion zu unterstützen und sich auch der Arbeits- und Umweltbedingungen sicherer zu sein, empfehle ich, auf deutsche oder europäische Hersteller zu setzen, so zum Beispiel *Max&Menos*, *Stoffwindel-Spaß*, *Storchenkinder*, *Windelmanufaktur*, *Bendel Windel*, *Lotties*, *Disana*, *Engel Natur*, *Reiff Strick*, *Puppi*, *Responsible Mother* und *Asmi*. Auf der Internetseite »Windelwissen« findet sich eine gute, nach Herkunft sortierte Übersicht über die einzelnen Hersteller.

Für welche Stoffwindel man sich letztlich entscheidet – sie haben eines gemeinsam: Sie sehen tausendmal schöner aus als Einwegwindeln. Gerade seit ich viel Zeit auf dem Spielplatz verbringe und viele matschende Windelkinder beobachte, empfinde ich es geradezu als eklig, matschige, nasse Einwegwindeln an der Haut der Kinder kleben zu sehen. Allzu verrückt sollte man sich bei dem großen Angebot aber nicht machen lassen. Man kann am Bildschirm nicht herausfinden, wie gut die Windel passen wird. Am besten besorgt man sich verschiedene Modelle, die einem zusagen, und probiert es selbst aus.

Stoffwindeln kann man sehr gut gebraucht kaufen, zum Beispiel auf E-Bay Kleinanzeigen oder in entsprechenden Social-Media-Gruppen. Dadurch verbessert sich die Ökobilanz nochmals. Im Gegensatz zu Einwegwindeln kann man sie, wenn sie nicht mehr benötigt werden, weitergeben. Aufpassen muss man, dass die Klettverschlüsse noch gut halten. Auch bei Schafwolle wäre ich vorsichtig, weil ich selbst schlechte Erfahrungen mit gebrauchten Hosen gemacht habe. Sie waren so steif, dass man sie nur noch wegschmeißen oder als Kunstobjekte ausstellen konnte. Solche Hosen sollte man sich vor dem Kauf besser anschauen oder zumindest genau nachfragen.

Wer neu kauft, der kauft am besten im Laden, wenn es einen gibt. Hier kann man sich die Windeln direkt anschauen und sich auch beraten lassen. Wer keinen Laden in der Nähe hat, der greift auf das reichhaltige Onlineangebot zurück.

### Kleiner Tipp

Bei Onlinebestellungen im Kommentarfeld immer angeben: Bitte keine Flyer oder sonstiges Informationsmaterial beilegen, keine Kunststoffmaterialien zum Packen verwenden, gern auch gebrauchtes Packmaterial und wenn möglich Papierklebeband nutzen. Das sind die Vorsichtsmaßnahmen, die wir vor jeder Bestellung ergreifen und damit gleich noch ein wenig Bewusstsein verbreiten.

## Windelgrößen

Auch als Herausforderung empfand ich das Thema Windelgrößen. Im Nachhinein ist es jedoch gar nicht so kompliziert wie gedacht. Ich kann empfehlen, auf zwei Größen zu setzen – eine für Neugeborene und eine mitwachsende für ältere Babys und Kleinkinder.

### Neugeborene

Mullwindeln haben eine Standardgröße, die sich individuell an das Kind anpasst. Da die Tücher relativ klein sind, sind sie ideal für Neugeborene. Nach ein bis drei Monaten werden sie nicht mehr passen.

Die Woll-Überhosen ohne Knöpfe gibt es in verschiedenen Größen. Am besten besorgt man sich erst mal nur die kleinste Größe und beobachtet, wie gut man damit zurechtkommt und ob man sie überhaupt weiter verwenden will.

Möchte man direkt Windeln mit Knöpfen nutzen, sind ebenfalls zwei Größen sinnvoll. Anfangen kann man mit einem 2-Schritt-System. Als innere Windel kann hier auch wieder die Mullwindel oder eine Knöpfchenwindel für Neugeborene verwendet werden.

### Ältere Babys

Ab wann man auf die nächste Windelstufe wechselt, hängt stark von der Größe und der Beweglichkeit des Babys ab. Ihr werdet selbst merken, wenn es soweit ist. Entweder steigt man dann auf die Bindewindeln oder die 1-Schritt-Windeln um. Die meisten Modelle können durch verschiedene Druckknöpfe in ihrer Größe variiert werden und reichen für den Rest der Windelzeit aus. Die Bindewindeln können jetzt immer noch als zusätzliche Einlagen genutzt werden.

## Anzahl

Welche Anzahl an Windeln nötig ist, wird häufig gefragt. Ganz pauschal lässt sich das natürlich nicht beantworten, weil es bei jedem anders zugeht. Ein paar grobe Richtwerte gibt es aber schon.

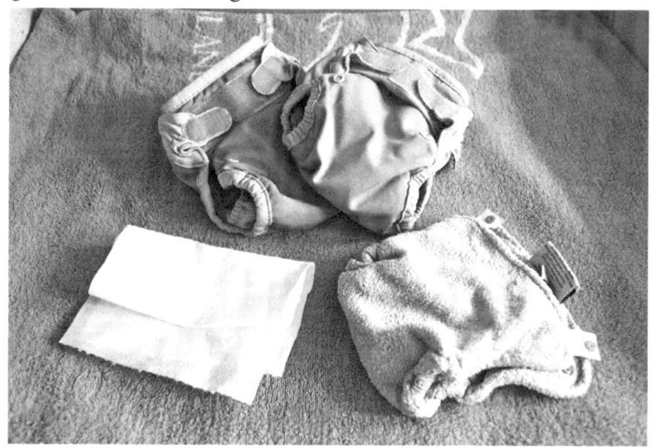

Von den Wollhosen werden mindestens zwei gebraucht, um sie zwischendurch wechseln zu können. Da das Nachfetten mit einer relativ langen Trocknungszeit verbunden ist, kann auch eine dritte Überhose der gleichen Größe sinnvoll sein.

Wer sein Kind gleichzeitig abhält, der braucht deutlich weniger Windeln. So sind wir immer mit sieben Außenwindeln ausgekommen. Als Einlagen hatten wir aber auch immer um die zwanzig. Allein um die Waschmaschine vollzukriegen, ist es praktisch, hiervon reichlich vor Ort zu haben.

## Windelvlies

Bevor ich mich näher mit dem Thema Windeln beschäftigte, kursierte schon etwas Unsicherheit in meinem Kopf, was den Stuhlgang in der Windel anging. Soll der dann auch mit in die Waschmaschine? Ein bisschen Material in der Windel ist kein Problem, der große Haufen wird aber in der Toilette entsorgt.

Ein vertretbarer Kompromiss bietet den meisten Eltern Erleichterung. Als innerste Schicht in der Windel kann ein Windelvlies eingelegt werden. Laut Hersteller kann dieses Vlies mit in der Toilette hinuntergespült werden. Je nach Hersteller und vor allem je nach Toilette ist das aber nur bedingt zu empfehlen. So gibt es Toiletten, die davon verstopfen können. Ich habe es sehr lange gemacht und hatte keine Probleme, distanzierte mich dann aber im Laufe der Zeit davon. Denn alles, was abgesehen von Fäkalien und Toilettenpapier in der Toilette entsorgt wird, belastet unsere Abwassersysteme und Kläranlagen zusätzlich und verursacht unnötige Arbeit und Kosten.

Alternativ kann man das Grobe mit einem Messer abstreifen oder mit einer Hygienebrause abspritzen. Da wir Letzteres sowieso als Toilettenpapierersatz nutzen, bin ich bald dazu übergegangen, sie auch dafür zu gebrauchen.

Wem das zu aufregend ist, der sollte lieber ein Windelvlies verwenden, anstatt sich von dem Thema komplett abzuwenden. Auch für Kitas und Tagesmütter ist das Vlies sinnvoll, denn sie werden damit viel eher gewillt sein, sich auf das Abenteuer Stoffwindel einzulassen. Da es dort sowieso spezielle Windelmülleimer gibt, ist auch keine Entsorgung über die Toilette notwendig. Für zu Hause kann man sich einen speziellen Mülleimer dafür besorgen und das darin Gesammelte im Restmüll entsorgen oder es eben doch in der Toilette probieren.

Wer Windelvlies verwendet, der steht vor der Wahl, welches es sein soll. Viskosevlies ist weniger empfehlenswert, selbst wenn das entsprechende Produkt ohne eine Plastikverpackung auskommt. Es ist zwar so reißfest, dass es einige Male in der Maschine mitgewaschen werden kann, so robust ist es dann aber auch in der Kläranlage. Laut Hersteller ist es ohnehin nur zu 80 Prozent biologisch abbaubar. Außerdem ist Viskose im Herstellungsprozess problematisch.

## Windelmülleimer

Stoffwindeln benötigen keinen speziellen Windeleimer – den braucht man sowieso bei allen Windeln nicht. Um vor Geruch zu schützen, reicht es, ein Handtuch, gern leicht angefeuchtet, darüberzulegen. Manche lagern ihre gebrauchten Windeln auf dem Balkon, wir kamen damit aber auch ganz gut im Badezimmer zurecht.

## Windeln unterwegs

Für unterwegs können je nach Situation mehrere Überhosen und Einlagen eingepackt werden. Zudem sollte immer ein Wetbag für benutzte Windeln dabei sein, eine Flasche Wasser oder eine Sprühflasche und einige dünne Waschlappen.

## Warum Stoffwindeln?

Sowohl im Krankenhaus als auch in allen Mütterkursen sind mir nie Stoffwindeln begegnet. Schlimmer noch, kein Elternteil und kein Fachangestellter kannte sie überhaupt. Ich wurde immer wieder gefragt, ob das Kind extra breit gewickelt ist. (Wer noch kein Kind hat: Bei manchen wird eine anfängliche Fehlstellung der Hüfte durch eine breite Wicklung korrigiert. Stoffwindeln haben den gleichen Effekt, weil das Windelpaket größer ist.) Das macht es für Stoffwindelinteressierte natürlich nicht gerade leichter. Die gesellschaftliche Akzeptanz und der Austausch fehlen meist. Je mehr von euch es jedoch ausprobieren, desto schneller wird sich das ändern. Dass es niemanden gibt, der mit Stoff wickelt, kann man auch nicht sagen. Als ich gezielt anfing, Gleichgesinnte zu suchen, tauchten sie plötzlich überall auf.

Ich wünsche mir von ganzem Herzen, dass viel mehr Eltern den Mut haben, es wirklich einmal mit Stoffwindeln zu probieren. Ein Dogmatismus, wie ich ihn für mich wollte, sollte dabei nicht abschrecken. Ihr könnt langsam an die Sache herangehen und schrittweise eure Komfortzone erweitern – alles ist besser, als es gar nicht zu versuchen. Es muss niemals heißen: ganz oder gar nicht. Wenn ihr euch unsicher fühlt, probiert es erst einmal zu Hause aus, testet verschiedene Modelle und behaltet einfach einen Satz Einwegwindeln im Schrank. Sobald es sich für euch gut anfühlt, dann erweitert ihr Stück für Stück den Radius und unternehmt erste Ausflüge mit Stoffwindel und merkt vielleicht mit der Zeit, dass es einfacher ist als gedacht. Zumindest ist das die Rückmeldung, die ich von den meisten Eltern erhalte.

Wer noch nie gewickelt hat, für den ist es leichter, gleich ganz ohne Einwegwindeln auszukommen. Wer es nicht anders kennt, der kann bestimmte Situationen deutlich leichter als gegeben akzeptieren. So war es auch bei uns. Einwegwindeln haben wir praktisch ausgeblendet und es damit einfach möglich gemacht, immer nur Stoffwindeln zu nutzen.

Neben den emotionalen Gründen, die ich damit verbinde, kommen so viele handfeste Argumente hinzu, die eine eindeutige Sprache sprechen.

## Müll

Eine einzige Einwegwindel benötigt 350 Jahre, um sich biologisch abzubauen – so die Schätzungen, denn erlebt hat das bisher niemand. Recycelt werden können Einwegwindeln nicht, weil sie aus vielen verschiedenen Kunststoff- und Zelluloseschichten bestehen, die sich nicht mehr trennen lassen. Die Außenhülle besteht standardmäßig aus Polyethylen (PE), was zur Gruppe der erdölbasierten Kunststoffe zählt. Der Saugkörper ist aus Zellstoffmaterial, das mit unterschiedlichen Polymersalzen angereichert ist, um die hohe Saugkraft zu erreichen. Wirklich problematisch machen eine umweltgerechte Entsorgung die vielen kosmetischen Bestandteile, wie Vaseline (Erdöl), Stearylalkohol, diverse dünnflüssige Paraffine (Erdöl) und Aloe-Vera-Extrakte. Mittlerweile gibt es am Markt auch Öko-Einwegwindeln. Für mich ist das zwar ein Widerspruch in sich, aber immerhin ist der Anteil biologisch abbaubarer Stoffe und solcher aus nachwachsenden Ressourcen größer. Wer also wirklich gar nicht mit Stoffwindeln klarkommt, der findet hier das kleinere Übel. Allerdings sind solche Windeln deutlich teurer.

Richtig entsorgt werden Einwegwindeln im Restmüll, der in der Müllverbrennungsanlage verbrannt wird. Die übrig bleibende toxische Asche (Müll verbrennt nicht restlos!) wird in Sondermülldeponien endgelagert. Während der Müll in Deutschland hauptsächlich verbrannt wird, ist die Deponierung in vielen anderen Ländern noch üblich. Diese Form der »Entsorgung« ist deutlich umweltschädlicher. Andere Länder haben überhaupt keine strukturierte Müllabfuhr, und Abfälle werden häufig hinterm Haus verbrannt. Das sollte man bedenken, wenn man Einwegwindeln mit in den Urlaub nimmt.

## Rohstoffverschwendung

Zu dem Problem der Entsorgung kommt der Rohstoff Erdöl als Basis für die Windeln. Erdöl ist endlich, und unsere moderne Gesellschaft ist vollständig abhängig von diesem Stoff, aus dem mittlerweile alles gemacht ist. Wollen wir ihn wirklich für solch vermeidbare Dinge wie Verpackungen und Einwegwindeln verschwenden?

## Gesundheit

Der dritte Grund, von Einwegwindeln, gerade den konventionellen, Abstand zu nehmen, ist die Gesundheit eures Kindes. Obwohl die Windeln immer moderner und saugfähiger und »besser« werden, schaffen sie es nicht zu verhindern, dass die Kinder wunde Pos bis hin zu einer ausgewachsenen Windeldermatitis bekommen. Ich kann mir kaum vorstellen, wie schmerzhaft das sein muss – ein Schmerz, den das Kind mit seiner Unleidlichkeit direkt auf die Eltern überträgt. In Stoffwindeln kommt das deutlich seltener vor, bei Windelfrei eher gar nicht.

## Kosten

Ein Durchschnittsbaby verbraucht rund 5.000 Einwegwindeln, bis es trocken ist. Das ist nicht nur ein riesiger Müllberg, sondern auch eine richtige finanzielle Belastung für die Eltern. Eine Einwegwindel kostet zwischen 25 und 50 Cent, was zusammen 1.250 bis 2.500 Euro nur an Windeln ausmacht. Ökologisch vorteilhaftere Windeln kosten noch mehr. Hinzu kommen all die Cremes, die nötig sind, um den Babypopo vor Entzündungen zu schützen.

Im Vergleich dazu sind Stoffwindeln geradezu billig. Und wer es noch günstiger mag, der kann sie gebraucht kaufen und im Anschluss wiederverkaufen. Der Markt dafür ist jedenfalls sehr groß.

## Müll macht auch Arbeit

Wer ein Einwegwindelkind hat, der muss jeden Tag den Müll rausbringen und ständig neue Windeln nachkaufen. Leider passt das dann auch kaum noch auf ein Fahrrad, und die Wahrscheinlichkeit steigt, dass man doch wieder mit dem Auto einkaufen »muss«, wenn man denn eins hat.

## Früher trocken

Stoffwindeln sind dicker als Einwegwindeln und fühlen sich im Inneren bei Weitem nicht so trocken an. Das muss kein Nachteil sein. Die Kinder begreifen deutlich früher den Zusammenhang zwischen Pinkeln und nasser Hose und sind im Schnitt früher trocken.

## Ökobilanz

Ein Gerücht, das die Windelindustrie gern verbreitet, ist, dass durch das viele Waschen die Ökobilanz von Stoffwindeln schlechter sei. Ich schätze, dass sich viele auf diesem Gerücht ausruhen, um sich dem Thema gar nicht erst widmen zu müssen. Was dabei jedoch unberücksichtigt bleibt, sind der hohe Wasserverbrauch für die Herstellung der Windeln und die endlichen Rohstoffe, die eingesetzt werden. Die Klima-, die Ressourcen- und die Ökobilanz einer Einwegwindel bleiben, wie man es auch dreht und wendet, einfach schlechter als die einer Mehrwegwindel.

Um die Klimabilanz eines Stoffwindelbabys weiter zu verbessern, sollten die Windeln an der Luft und nicht im Trockner getrocknet und nur in Ausnahmefällen heißer als 60° C gewaschen werden. Und natürlich sollte aus der Steckdose 100 Prozent Ökostrom rauskommen, aber das will man wahrscheinlich sowieso, wenn man Kinder in die Welt setzt. (Wer nicht bei Greenpeace Energy, Naturstrom, Polarstern oder EWS Schönau ist, der hat zurzeit noch Luft nach oben bei der Ökobilanz seines Stromanbieters).

Noch besser kommt man weg, wenn man seine Windeln sowohl gebraucht kauft als auch wiederverkauft oder weitergibt. Lediglich bei echten Wollhosen wäre ich vorsichtig. Diese würde ich mir gebraucht nur zulegen, wenn ich sie vorher anfassen konnte. Werden die Hosen nämlich falsch gewaschen, sind sie nicht mehr saugfähig und damit quasi unbrauchbar. Auf einem Foto in der Anzeige ist das nicht immer gut zu erkennen.

# Waschen

Ich will gar nicht so tun, als wären Stoffwindeln immer einfacher. Ganz im Gegenteil, es kostet zwar weniger Geld, man muss nicht ständig Windeln nach Hause schleppen, das Kind bleibt gesünder und wird früher trocken, und Müll muss man auch weniger rausbringen. Aber trotzdem bleibt eine Stoffwindel aufwendiger. Für mich ist das aber kein Argument gegen sie, denn die Zukunft meines Sohnes ist mir die Mehrarbeit einfach wert. Ohnehin versuche ich gerade seit der Geburt, an anderen Stellen das Leben so leicht wie möglich zu halten, damit es sich in der Bilanz wieder ausgleicht.

Natürlich muss man häufiger waschen. Wer nur mit Stoffwindeln wickelt, ohne abzuhalten, der wäscht jeden oder jeden zweiten Tag. Bei uns war es dementsprechend immer etwas seltener. Bei den modernen Waschmaschinen empfand ich das jedoch nie als unzumutbar, die Maschine macht ja die meiste Arbeit. Irgendwann hatten wir eher das umgekehrte »Problem«, dass nicht genügend Windelwäsche anfiel und die wenigen Windeln lange herumlagen.

Es muss aber auch nicht immer alles gleich in der Maschine gewaschen werden. Gerade frisches Pipi kann man ganz gut zwischendurch auch mal von Hand rauswaschen, ebenso das Windelvlies, wenn nur Pipi dran ist; dabei hält es deutlich länger als bei der Wäsche in der Maschine, obwohl auch diese oft möglich ist.

## Waschmittel

Ein spezielles Waschmittel brauchen die Windeln in der Regel nicht. Ich habe unsere immer mit meinem selbst gemachten Waschmittel, mit Kastanien oder Efeu gewaschen.

### Selbst gemachtes Waschmittel

*Zutaten*

3 EL Kernseife (am besten Bio, ohne Palmöl)
3 EL Waschsoda | 1 l Wasser

*Zubereitung und Anwendung*

Seife komplett raspeln. Davon 3 EL und das Waschsoda mit ca. 330 ml kochendem Wasser aufgießen und stehen lassen. Wenn sich die Seifenstücke größtenteils aufgelöst haben, das restliche heiße Wasser hinzugeben. Mit dem Schneebesen umrühren. Wenn alles aufgelöst ist, für die einfache Portionierung direkt auf fünf Flaschen aufteilen. Pro Waschgang eine Flasche in das Waschmittelfach geben. Vor Gebrauch schütteln.

### Waschen mit Kastanien

Im Herbst Kastanien zu sammeln geht auch wunderbar mit kleinen Kindern. Sie lieben es, die runden Samen durch die Gegend zu werfen. Vielleicht landet ja die eine oder andere auch in eurer Tasche.

Die Kastanien werden mit einem großen Messer grob zerteilt, im Mixer portionsweise zerkleinert und auf einem Küchenhandtuch getrocknet.

*Zubereitung und Anwendung*

2–3 EL Kastanienpulver in ein kleines Waschsäckchen geben, dieses gut zuknoten und direkt zur Wäsche geben. Bunte Wäsche verfärbt sich dadurch nicht. Wer bei weißer Wäsche sicher gehen will, der nutzt die Kastanien entweder ohne Schale oder greift auf ein anderes Waschmittel zurück. Mit langzeitigen Farbveränderungen bei weißer Wäsche habe ich keine Erfahrung.

### Waschen mit Efeu

10 Blätter sammeln, ein paarmal zerreißen und im gut verknoteten Waschsäcken direkt zur Wäsche geben. Evtl. Wasserenthärter nutzen.

## Ökologisch waschen

Bei allen drei Wascharten sollte je nach Wasserhärtegrad ein ökologischer Wasserenthärter hinzugeben werden. Das ist aber auch bei handelsüblichen Waschmitteln zu empfehlen, weil damit die Waschleistung verbessert und die Waschmittelmenge reduziert werden kann.

Ökologische Waschmittel sind nicht so stark wie chemische Hochleistungsreiniger – sie sind eben ökologisch. Das heißt, dass gewisse Flecken unter Umständen vor- oder nachbehandelt werden müssen, wenn sie einen in der Kinderkleidung stören.

### Sonnenlicht

Bei uns ist Kacka immer rückstandsfrei rausgegangen. Wer jedoch hartnäckige Flecken hat, der kann das Kleidungsstück ein paar Stunden in die Sonne legen.

Dabei sollte man beachten, dass Sonnenstrahlen den gesamten Stoff ausbleichen. Bei Weiß ist das somit kein Problem, bei farbigen Sachen vielleicht schon eher. Aber ganz ehrlich: Egal wie ausgeblichen die Kinderkleidung auch ist, die Zwerge sehen trotzdem niedlich darin aus. Andere tief sitzende Spuren wie Karotten und Grasflecken können damit ebenfalls verschwinden.

### Gallseife

Gallseife ein gutes Allheilmittel. Am besten den Fleck direkt nass machen und mit Gallseife einreiben. Eine Stunde einwirken lassen, ausspülen und in die Waschmaschine geben.

### (Sprudel-)Wasser

Flecken entfernt man am effektivsten, wenn man sie behandelt, bevor sie eintrocknen. Zuerst entfernt man immer möglichst viel von dem Fleck durch mechanische Kraft. Idealerweise erst mal nicht durch Schrubben, sondern indem man Wasser aus ca. 30 cm Höhe auf den Fleck gießt. Die Verwendung von Sprudelwasser kann den Effekt verbessern. Auch das anschließende Einweichen in Sprudelwasser hilft oft. Diese Methode hat sich für Karotten, aber auch Rote Bete, Säfte und – bei Kindern weniger wichtig – Rotwein bewährt.

## Sauerstoffbleiche

Gerade robuste Materialen werden mit Sauerstoffbleiche wie neu. Sofabezüge abziehen, in einen Bottich geben. 2–3 EL Sauerstoffbleiche draufstreuen und anschließend möglichst heißes Wasser dazugeben. Einige Stunden einweichen lassen und dann wie gewohnt in die Maschine geben.

## Waschmittel für Wollwäsche

Wolle ist etwas anspruchsvoller als andere Wäsche. Zwei Dinge sind zu beachten. Die Wolle sollte beim Waschen nicht verfilzen. Dafür gibt es bei Waschmaschinen ein besonders schonendes Waschprogramm. Zudem enthalten handelsübliche Waschmittel oft Enzyme, die Naturfasern angreifen. Deshalb kauft man in der Regel ein spezielles Waschmittel extra für Wolle. Es reicht aber aus, auf ein mildes selbst gemachtes Waschmittel ohne Enzyme umzusteigen. Besonders zu empfehlen ist das Waschen mit Kastanien und Efeu oder mit folgendem Rezept:

***Zutaten***

100 g geraspelte Kernseife (am besten Bio und ohne Palmöl)

bei hartem Wasser:
500 ml Wasser | 200 ml Brennspiritus oder hochprozentiger Alkohol

bei weichem Wasser:
600 ml Wasser | 100 ml Brennspiritus oder hochprozentiger Alkohol

***Zubereitung und Anwendung***

Das Wasser zum Kochen bringen, die Seife damit übergießen und mit einem Schneebesen gut vermischen. In die abgekühlte Mischung den Alkohol geben. Ein paar Stunden warten, bis sich die Seife vollständig aufgelöst hat. Evtl. mit dem Schneebesen nachhelfen. Dann das Waschmittel in eine Flasche oder ein Schraubglas füllen.

Das Waschmittel vor Gebrauch schütteln. Sollte es dafür zu fest geworden sein, einfach etwas heißes Wasser nachgießen.

Feuchte Wolle ist sehr empfindlich und kann leicht verfilzen, deshalb sind ein paar Tricks bei der Wäsche nützlich:

- Für die Maschinenwäsche 2 EL verwenden, mit speziellem Waschprogramm waschen und am besten immer nur 1 kg Wäsche waschen.
- Für die Handwäsche im Waschbecken 1 EL ins warme Wasser geben (nicht mehr als 30° C). Anschließend die Wollhosen hineingeben. Im Wasser schwenken und 10 Minuten einweichen.
- Die Wolle sollte nicht geknetet oder gewrungen, sondern lediglich mit flachen Händen gegen den Waschbeckenrand gedrückt werden. Das Wasser zum Ausspülen sollte ebenfalls lauwarm sein.
- Nach dem eigentlichen Waschen das Seifenwasser ablaufen lassen, die Wolle vorsichtig einrollen, leicht das Wasser herauspressen und das Becken erneut mit frischem Wasser füllen. Die Wolle darin schwenken, um die Seifenreste herauszulösen.
- Wolle trocknet man am besten liegend, damit sie sich nicht verzieht. Man kann die Wollstücke zuerst in ein trockenes Handtuch einrollen und einige Zeit warten, um die grobe Feuchtigkeit herauszunehmen. Dann flach auf den Wäscheständer legen – dabei kann wieder ein Handtuch untergelegt werden, das nach einiger Zeit entfernt wird.

### Tipps

- Das Waschmittel wäscht natürlich auch andere Wollstücke. Manche lassen sich durchaus auch in der Waschmaschine waschen. Ob das mit der Wollhose funktioniert, erfährt man beim Hersteller. Auf eine Maschinenwäsche werden 2 EL Waschmittel verwendet. Es wird jedoch empfohlen, nicht mehr als ein Kilogramm Wollwäsche gleichzeitig zu waschen.
- Wenn der Geruch einfach nicht mehr weichen will, dann kann die Wollwindel tatsächlich auch gekocht werden. Wichtig ist, dass sie im Topf gekocht und dabei langsam erhitzt und nicht bewegt wird.
- Verfilzte Wolle lässt sich auf dem Kompost entsorgen.

### Nachfetten

Mit der Zeit wird die Wollwindel undicht, weil sie ihren Lanolingehalt verliert. Ein regelmäßiges Nachfetten ist also notwendig. Das klingt auf den ersten Blick aufwendiger, als es wirklich ist:

- Nach dem Waschen wird die feuchte Windel auf links gedreht.
- Pro Windel 1,5 l ca. 60° C warmes Wasser in eine Schüssel geben. ¼ bis ½ TL Wollwachs darin auflösen und 2 bis 4 Tropfen Spülmittel hinzugeben, damit sich das Fett im Wasser lösen kann. Wenn eine milchige Flüssigkeit entstanden ist und keine Fetttropfen mehr an der Oberfläche schwimmen, wird die Windel hineingetaucht und zum Beispiel mit einem Teller beschwert. Sie sollte mindestens 1 Stunde, besser jedoch über Nacht darin verbleiben.
- Danach die Windel nicht wieder waschen, sondern trocknen wie oben beschrieben. Sie kann sich danach erst einmal etwas klebrig anfühlen, ist aber sofort wieder zum Einsatz bereit.

## Die passende Kleidung

### Bodyverlängerungen

Bodys sind bei Stoffwindelkindern häufig zu kurz, weil der Windelpo einfach dicker ist. Mit einer Bodyverlängerung, also einem Stück Stoff mit Druckknöpfen an beiden Seiten, löst man die Spannung in der Hose. Wir hatten solche Verlängerungen nicht, weil wir die Knöpfe ohnehin meistens offen ließen.

### Hosengröße

Passende Hosen für Stoffwindel- und Windelfrei-Popos zu finden ist nicht immer ganz leicht, gerade wenn man beides unter einen Hut bekommen möchte. Ein Stoffwindelpo an sich ist deutlich dicker als ein Einwegwindelpo. Die modernen Kinderhosen passen häufig nicht, weil sie einfach zu schmal geschnitten sind. Die Hosen, die hier prima passen, sind wiederum zu groß, wenn das Kind plötzlich gar keine Windel anhat. So musste ich zeitweise immer genau schauen, wie die Situation gerade war und welche Hose passen würde. Dass ich solche Hosen überhaupt zu Hause hatte, lag daran, dass unsere Kleidung komplett geschenkt war. Wer Hosen kauft oder näht, der kann also gleich darauf achten, dass sie in der Hinsicht kompatibler sind. Besonders empfehlenswert finde ich solche Hosen, die sowohl oben als auch unten einen Gummizug und dazwischen viel Platz haben. Durch den oberen Gummizug halten sie sowohl mit als auch ohne Windel. Der untere Gummizug hält die Hose sicher am Bein, auch wenn man sie runterzieht, um das Kind abzuhalten. Da wir nur wenige solcher praktischen Hosen besitzen, rutscht die Hose beim Abhalten oft über die Füße, und es erfordert etwas koordinatorisches Geschick, sie wieder anzuziehen – aber das geht auch.

# Trocken werden

Der wirklich hervorragende Werbefeldzug der Windelindustrie suggeriert uns, dass es Stress für die Kinder sei, wenn sie zu früh ihren Harndrang kontrollieren müssten. Ich bin kein Psychologe, aber mein Kind ist so tiefenentspannt, dass ich mir das beim besten Willen nicht vorstellen kann. Jedenfalls zeigt die Werbung ihre Wirkung, und das Durchschnittsalter, in dem Kinder trocken werden, verschiebt sich kontinuierlich nach hinten. Stoffwindelkinder werden im Schnitt deutlich früher trocken, gerade weil die Windeln nicht perfekt sind. Die Kinder merken, wenn es nass zwischen den Beinen ist, und es stört sie eher. Windelfrei-Kinder sind sogar noch früher dran. Mit eineinhalb trug unser Kleiner lediglich noch bei seiner Tagesmutter und seiner Wahl-Oma eine Windel, brauchte sie aber immer seltener. Beide waren hochentzückt, dass sie sich so wenig mit seinen Ausscheidungen beschäftigen mussten. Seit er 22 Monate alt ist und »Pipi« auch in Worte fassen kann, läuft er auch bei seinen Betreuerinnen immer häufiger ohne Windel rum.

Stoffwindeln und Windelfrei mögen phasenweise aufwendiger und anstrengender sein. Spätestens wenn das Kind dann aber relativ früh aus den Windeln raus ist, kann von Arbeit keine Rede mehr sein. Wie entspannend ist das, wenn das Kind nach eineinhalb Jahren mit dem Thema durch ist! Auch wird der Stuhlgang mit zunehmendem Alter deutlich mehr. Diesen nicht vom Po abwischen zu müssen, ist für mich ein absoluter Gewinn. Unsere Tagesmutter wünscht sich immer wieder, alle Eltern, deren Nachwuchs sie betreut, würden das machen.

Ab wann aber gilt denn ein Kind überhaupt als trocken? Unsere hygienisch einwandfreie Gesellschaft macht uns glauben, dass das erst dann der Fall ist, wenn kein Tropfen mehr danebengeht. Tatsächlich gibt es Kinder, die noch bis zu ihrem neunten Lebensjahr ins Bett pinkeln. Gerade nachts wird das immer wieder vorkommen. Auch ich erinnere mich noch daran, wie ich als Kind davon träumte, das Klo zu besuchen. Ein Klo war aber nicht in der Nähe. Es ist also ganz normal, dass Kinder ab und an in die Hose pinkeln, das macht unser Sohn auch. Gerade wenn sie so intensiv in ihr Spiel vertieft sind, dass sie es nicht fürs Pipimachen unterbrechen wollen, geht auch schon mal was daneben. Es besteht aber kein Grund, dafür eine Windel zu tragen, denn ob ich eine Windel wechsle oder eine Hose, macht keinen Unterschied. Deshalb haben wir immer Ersatzklamotten (die viele Eltern ja sowieso einpacken) und den Wetbag dabei.

Während das klassische Windelfrei vor allem im ersten Lebensjahr Erfolg versprechend ist, kann auch ein ganz normales Wickelkind wesentlich früher aus den Windeln geholt werden, als es bei uns zu Lande Standard ist. Hier einige Strategien dafür:

- Gerade im Sommer die Kinder untenrum nackig laufen lassen. So können sie selbst mit dem Ausscheiden experimentieren.
- Die Kinder regelmäßig fragen, ob sie müssen, vor allem, bevor man das Haus verlässt, wenn man zurückkommt oder wenn längere Fahrten anstehen.
- Nach dem Schlafen immer zur Toilette gehen.
- Mit dem Kind gemeinsam zur Toilette gehen, damit es lernt, dass das die Normalität ist.
- Ausprobieren, was das Kind eher akzeptiert, Toilette, Töpfchen oder Toilettensitz (Levin lässt sich von uns meist ohne einen speziellen Sitz auf die Toilette setzen).
- Längere Zeit mit dem Kind in der Wohnung verbringen, ohne dass es eine Hose anhat. Am besten überall Töpfchen (oder andere Auffangbehälter deponieren). Das Kind im Auge behalten und schnell zugreifen, sobald Pipi droht. Bei der Methode kann schon mal was danebengehen. Aber eine Freundin hat damit ihren zweijährigen Sohn in einer Woche trocken bekommen.

- Trainingshöschen anziehen. Gefütterte Unterhosen, die das Gröbste festhalten, aber eben auch nicht so komfortabel sind wie Windeln. Kind und Eltern merken sehr schnell, was passiert, und die Hose wird direkt gewechselt.
- In der Kommunikation mit dem Kind nicht die Windel als normal darstellen und das Kind damit in Ruhe lassen, sondern immer wieder dazu motivieren, es ohne zu probieren.
- Die Kinder niemals beschimpfen, komisch angucken oder Ekel zeigen, wenn sie in die Hose machen!

Gerade ältere Kinder können solche Maßnahmen sehr irritieren. So sehr sie körperlich schon in der Lage sind, trocken zu werden, sind sie es im Kopf vielleicht noch nicht. Schließlich wurde ihnen bisher immer gesagt: Du bist sicher und kannst einfach laufen lassen. Die Umstellung ist für das Kind nicht zuletzt emotionale Arbeit. Dabei muss man den Spagat schaffen, das Kind zu fordern, aber nicht zu überfordern, und auch zu akzeptieren, wenn es gerade an der Windel festhält. Oft stecken auch andere emotionale Herausforderungen dahinter, die es gerade bewältigen muss. In solchen Fällen probiert man es beim nächsten Mal einfach wieder.

## Töpfchen(training)

Erst hatten wir gar keins, zeitweise hatten wir drei. Alle gebraucht und geschenkt. Bis heute warte ich aber vergeblich darauf, dass mein Sohn es akzeptiert, sein Geschäft in einem Töpfchen zu verrichten. Fast erscheint es so, als wäre er durch und durch Minimalist und wolle alles nicht wirklich Notwendige ablehnen. An sich kann ein Töpfchen jedoch schon praktisch sein. Damit kann das Kind selbstständig aufs Klo gehen, auch wenn die Eltern gerade beschäftigt sind oder vielleicht einfach zu faul sind oder wenn man auf dem Campingplatz keine Toilette in direkter Nähe hat. Und dauert der Stuhlgang etwas länger, gibt es keinen Zeitdruck, weil die Arme beim Abhalten schwer werden. Bei Freunden von uns hat die Einführung des Töpfchens super geklappt. Auch Handzeichen wie »Ich bin fertig« oder »Ich will mehr (länger)« lassen sich mit freien Händen deutlich einfacher geben.

Eine meiner Workshopbesucherinnen erzählte mir von ihrem Töpfchentraining: Das Töpfchen steht neben der Toilette, und so gehen Mutter und Tochter häufig gemeinsam aufs Klo. Indem sie seitlich die Arme hochhebt und die Hände zu Fäusten ballt, wie man es sich beim festen Drücken auf dem Klo wunderbar vorstellen kann, signalisiert die Mutter den Akt des Ausscheidens. Lange bevor das Kind sprechen kann, hat es dieses intuitive Zeichen gelernt und wendet es immer dann an, wenn es muss.

Auch wenn man kein Töpfchen hat oder wenn es wie bei uns nicht akzeptiert wird, soll das kein Hindernis sein. Dann muss man eben dabeibleiben, bis das Kind fertig ist. Auch wenn das manchmal nervt, kommt irgendwann der Punkt, an dem das Kind von allein auf die Toilette kommt. Und es hat ja Vorteile: Man muss nicht mehr lange vom Töpfchen auf die Toilette umgewöhnen und kann sich freuen, nie Töpfchen spülen zu müssen.

# Ausstattung

Was ein Baby so alles haben muss, das entscheiden normalerweise nicht die Eltern, sondern die gesellschaftliche Norm. In der Regel beginnen die Materialschlacht und die regelmäßigen Besuche im Möbelhaus und beim Drogeriemarkt schon vor der Geburt. Kinderzimmer werden vollständig eingerichtet, Wickeltische installiert und Kleiderschränke vollgestopft. Befeuert wird das Ganze durch Babyzeitschriften und die personalisierte Werbung auf Social Media, die schon weiß, dass wir schwanger sind, bevor wir es überhaupt wissen. Aber auch der Austausch mit anderen, die schon Eltern sind oder es werden, trägt dazu bei.

Wenn ich Babyzeitschriften lese, kommt mir deren Inhalt ähnlich vor wie der von Frauenzeitschriften. Danach habe ich mehr Probleme als vorher und fühle mich zudem noch hässlich und unzureichend. Deshalb empfehle ich, sich von Zeitschriften und Werbebotschaften so weit es geht zu distanzieren. Damit erspart man sich sehr viele unnötige Anschaffungen. Alles, was man wirklich wissen muss, erfährt man von seiner Hebamme. Wenn ihr euch allein zu unsicher fühlt, könnt ihr im Freundeskreis auch gezielt fragen: Was habt ihr alles *wirklich* gebraucht? Als ich das von befreundeten Eltern vor der Geburt unseres Sohnes wissen wollte, bekam ich immer wieder lange Listen von ungenutzten Dingen. Aber Vorsicht, jedes Baby ist anders, und nicht jedes braucht die gleichen Dinge.

Wenn ein Baby auf die Welt kommt, so ist ihm die elterliche Wärme und Fürsorge (und ein Satz Stoffwindeln) das Wichtigste. Den Rest kann man ganz beruhigt später noch anschaffen und selbst herausfinden, was genau dieses Baby und diese Eltern wirklich brauchen.

# Nötiges und Unnötiges

## Babywaage

Es mag Säuglinge geben, bei denen es ratsam ist, das Gewicht genau zu kontrollieren, gerade wenn es Frühgeborene sind. Unter normalen Umständen gehört eine Babywaage aber zu den Dingen, die einem das Leben unnötig schwermachen.

> *Während eines längeren Krankenhausaufenthaltes nach der Geburt wurden wir dazu angehalten, das Kind ständig zu wiegen, vor dem Trinken, nach dem Trinken, vor dem Kacka, nach dem Kacka, und am besten sollten wir es vorher immer noch ausziehen.*

Das ist nicht nur unglaublich viel Arbeit gegen den Unwillen des Kindes, es lenkt auch die permanente Konzentration darauf, dass irgendetwas nicht stimmt. Wir werden gleich panisch, wenn das Kind nicht die vorgesehenen Gramm zugenommen hat. Und wenn es nicht in die Norm passt, ist das eigentlich ständig so. Wir hören regelmäßig von unserem Arzt oder von Verwandten, dass unser Sohn unterernährt aussieht. Er ist tatsächlich nicht gerade ein fetter Wonneproppen. Er ist aber glücklich, zufrieden, quickfidel und munter. Für mich reichen diese Indizien aus, um zu wissen, dass er sich mit seinem Gewicht wohlfühlt. Ganz im Gegensatz zu uns isst er nie mehr, als er Hunger hat, und ich werde ihm sicher nicht mit Gewalt antrainieren, dieses Körpergefühl zu verlieren, damit er in die Norm passt.

Wenn wir uns auf unser Gefühl verlassen, dann benötigen wir viele dieser Kontrollmechanismen gar nicht. So brauche ich auch kein Fieberthermometer, um zu merken, dass mein Sohn Fieber hat. Ein Fieberthermometer zu Hause zu haben, ist aber trotzdem sinnvoll.

## Kinderbett

Die Anzahl und die Ausgestaltung der Kinderbetten in den ersten Jahren sind manchmal erstaunlich. Dabei ist gerade am Anfang ein eigenes Bett gar nicht notwendig, wenn genug Platz im Elternbett ist. Praktisch ist es schon gar nicht, muss man doch sowieso ständig zum Kind, um es zu stillen. Wenn es gleich dort schläft, wo man selbst schläft, kann man sich viel Arbeit und nächtliches Herumgetrage ersparen.

Unabhängig davon haben sowohl wir als auch unser Sohn es sehr genossen, so eng miteinander zu sein. Wessen Bett nicht genug Platz bietet, dem empfehle ich ein Beistellbett, das zum Elternbett hin offen ist. Das Hinein- und Hinausschieben ist deutlich einfacher, und der Kontakt zum Kind ist trotzdem noch gegeben.

Wenn es in Richtung Abstillen geht, kann eine räumliche Trennung von Mutter und Kind den Prozess deutlich erleichtern. Sobald das Kind entwöhnt ist, hat dieses Argument aber keine Relevanz mehr. Ein temporäres nächtliches Auswandern der Mutter ist also auch eine Möglichkeit.

Da wir weder ein Kinderbett noch so richtig Platz für eines hatten, legten wir eine ganz normale Standardmatratze ans Fußende unseres Bettes. (Matratzen stehen regelmäßig am Straßenrand oder sind in irgendwelchen Haushalten zu viel. Irgendwie so kamen wir auch zu der Matratze.)

Ein irgendwie gearteter Rausfallschutz ist je nach Bettgröße und Aktivität des Kindes sinnvoll, denn die Kleinen arbeiten sich in einer Nacht nicht selten durch das komplette Bett und plumpsen am anderen Ende runter. Unsere Matratze ist zu allen Seiten durch Möbel oder räumliche Gegebenheiten begrenzt und braucht deshalb nicht die klassischen Gitterstäbe.

Damit haben wir eine kleine Kinderecke direkt am Fußende unseres Bettes geschaffen. Mit der Zeit zogen auch hier all die süßen Dinge ein, die den Schlafbereich für das Kind kuschelig und heimelig machen. Eine Sternenhimmellampe, eine fliegende Ente und Tiersilhouetten an der Wand. Meist liegt er aber doch wieder bei uns im Bett, da wir dort beim Einschlafen einfach besser zusammen lesen können und es so wunderbar kuschelig ist.

Diese Eigenbauweise sieht zwar ein wenig gebastelt aus, aber eigentlich ist unsere Tummelwiese sehr gemütlich. Mittlerweile ist sie zu einem beliebten Spielplatz geworden, auf dem man stundenlang die Matratzen hoch- und runterlaufen, -rutschen und sogar (mit dem Spielzeugauto) -fahren kann.

Wer direkt auf eine richtige Matratze umsteigt, der kann sich die Anschaffung diverser Sondergrößen sparen. Die Matratze passt von Anfang an und kann bleiben. Es gibt also auch viele andere Möglichkeiten neben den klassischen

Bettgrößen. Am besten wartet man ab, bis der Bedarf da ist, und schaut ganz individuell, was gebraucht wird. So kann das Kind im Elternbett auch einfach stören oder eben nicht. Es ist bei jedem anders.

## Kinderzimmer

Die meisten Kinder bekommen schon vor der Geburt ein eigenes Kinderzimmer. Unser Sohn hat bis heute keins. Einerseits ist es die Not, weil unsere Wohnung einfach kein weiteres Zimmer hat und umziehen für uns zu teuer wäre, andererseits hat es sich bisher nicht im Ansatz als notwendig erwiesen. In den ersten Jahren legen Kinder keinen Wert auf ihren eigenen Raum. Ganz im Gegenteil, am liebsten verbringen sie ihre Zeit in der Nähe der anderen Familienmitglieder – sowohl tagsüber als auch nachts. Und auch viele Jahre weiter kriechen sie gern zu ihren Eltern ins Bett.

Mir ist es gerade nachts wichtig, in der Nähe meines Sohnes zu schlafen, weil ich ihn auch nachts zum Klo bringe. Mit der Zeit wird der Bedarf dafür zwar immer seltener, aber nur so kann ich hören, wann er muss. Und auch nur so kann ich hören, wenn er schlecht träumt, und ihm bei Bedarf die Hand halten.

Ein Beweggrund für das eigene Kinderzimmer kann der sein, dass man nicht die ganze Wohnung mit buntem Spielzeug zugepflastert haben möchte. Aber seien wir mal ehrlich: Das hat man sowieso. Wenn ich an der einen Stelle etwas wegräume, so ist mein Sohn hinter meinem Rücken schon schwer am Arbeiten, um die nächsten Gegenstände so weitläufig wie möglich zu verstreuen.

Irgendwann wird sich die Situation ändern, und wir denken natürlich darüber nach, wie wir dann damit umgehen. Ich glaube aber, dass hier sehr flexibel gedacht werden kann und es nicht nur ein Richtig oder Falsch gibt. In anderen Kulturen, die vielleicht auch nicht unsere finanziellen Möglichkeiten haben, schlafen alle Familienmitglieder in einem Raum. Spezielle Kinderzimmer oder sogar ein Zimmer für jedes Kind ist wirklicher Luxus. Kinder genießen es sehr, nicht allein schlafen zu müssen. Wir können sie also unbesorgt im Elternschlafzimmer oder im Geschwisterzimmer unterbringen und darauf warten, wann ihre Bedürfnisse in eine andere Richtung weisen. Bis es die Kinder wirklich stört, werden viele Jahre vergehen, und streiten werden sie so oder so.

Ich bin gespannt, wie es bei uns und unserem »fehlenden« Zimmer weitergehen wird und welche Lösung wir finden werden.

## Anstrich

Viele Kinderzimmer werden in bunten Farben angestrichen. Dagegen ist nichts einzuwenden. Gegen die Art der Farbe aber schon. So besteht die standardmäßige Baumarktfarbe aus Erdöl, ist in einen Plastikeimer abgefüllt und dünstet noch lange giftige Chemikalien in die Raumluft aus, die die Kinder einatmen. Gerade für kleine Kinder ist das noch ungesünder, als es für uns alle ohnehin schon ist. Alternativen dazu sind natürliche Kalkfarben, die sogar in Papier verpackt zum Selbstanrühren erhältlich sind, zum Beispiel von *Kreidezeit* oder *dasgesundekinderzimmer.de*.

Diese Farben bekommt man bei speziellen Händlern, die man über die Hersteller finden kann. Grundfarbe ist immer weißer Kalk, der in einem Papiersack verkauft wird. Dazu bekommt man ein winziges Döschen mit Farbpigmenten. Welche Pigmente man braucht, errechnet der Händler anhand des gewünschten Farbtons. Am besten bringt man ein kleines Schraubglas mit, in das der Händler die Pigmente füllen kann – so spart man sich das Plastikdöschen.

Zu Hause wird nun selbst angerührt. Am besten leiht man sich Bohrmaschine und Rührstab bei Bekannten aus, wenn man sie nicht selbst hat. Ohne diese Hilfsmittel wird das Anrühren einer homogenen Masse eine Herausforderung. Sowohl Rührstab als auch Eimer und Pinsel können ohne Bedenken in der Dusche ausgewaschen werden. Da die Ausgangsstoffe natürlich sind, belasten sie das Abwasser – im Gegensatz zu chemischen Farben – nicht.

## Wickelkommode

Wickelkommoden sind zwar häufig von guter, solider Vollholzqualität, nur verbrauchen sie unglaublich viel Platz. Gleich ein ganzes Möbelstück anzuschaffen, schien uns ohnehin übertrieben. Tatsächlich ist es kein großer Unterschied, ob man das Kind auf einer solchen Kommode, auf dem Bett oder auf dem Fußboden wickelt, wenn die Eltern nicht gerade Rücken- oder Knieprobleme haben.

Zumindest nicht, wenn das Kind ausschließlich mit Wegwerfprodukten versorgt wird. Da wir genau das nicht wollten, stellte sich die Nähe zum Waschbecken als sehr vorteilhaft heraus.

Und so war es das absolut beste Geschenk zur Geburt, dass mein Vater eine Wickelauflage aus Holz für unsere Waschmaschine zimmerte. Die Waschmaschine steht nämlich direkt neben dem Waschbecken. Wir legten die Auflage mit Stoff und Handtüchern aus, die wir bei Bedarf wechseln konnten. Solche Wickelaufsätze gibt es sowohl für Waschmaschinen als auch für Badewannen und bestehende Kommoden.

## Wärmelampe

Eine Wärmelampe ist kein sonderlich nötiges Accessoire. Sie wird heute gern über dem Wickeltisch angebracht, damit das Kind nicht friert. Tatsächlich halten die Kleinen weit mehr Kälte aus, als wir denken. Unsere Wohnungen sind in der Regel mit 20 Grad so warm temperiert, dass zusätzliche Wärme nicht nötig ist. Gerade für Eltern, die ihre Kinder abhalten, ist der Nutzen kaum erkennbar, weil man deutlich weniger Zeit auf dem Wickeltisch und ohne Kleidung verbringt.

Wer lieber kältere Temperaturen zu Hause mag, für den mag so eine punktuelle Wärmequelle eine sinnvolle Sache sein, anstatt gleich die ganze Wohnung aufzuheizen. Oder man heizt einzelne Räume stärker, etwa das Badezimmer.

## Stillkissen

Viele Mütter schwören auf spezielle Stillkissen in der Form einer langen, gebogenen Wurst. Damit kann man das Kind beim Stillen gut positionieren, und manche schätzen es schon in der Schwangerschaft, um beim seitlichen Liegen das obere Bein darauf abzustützen. Auch eine schützende Kuhle für das Baby lässt sich damit ganz gut basteln. Ich hatte selbst so ein Kissen, weil eine Nachbarin das ihre nicht mehr brauchte. Als wirklich praktikabel stellte es sich für mich aber nicht heraus, vor dem Stillen immer das Stillkissen zu holen. Statt eines speziellen Kissens tun es die anderen Kissen, die schon im Haushalt vorhanden sind, ebenfalls, ob nun beim Stillen oder beim Schlafen. Ich habe immer genommen, was gerade greifbar war, und das Stillkissen meist wenig beachtet. Damit möchte ich sagen, dass es nicht immer einen speziellen Gegenstand für jede spezielle Situation geben muss. Oft geht es genauso gut und sogar deutlich flexibler, indem man mit im Haushalt vorhandenen Stücken improvisiert.

## Tragetuch

Das, was wir rasch wirklich vermissten, war ein Tragetuch. Ohne ein Tragetuch ist man nicht mobil. Natürlich tut es ein Kinderwagen auch, aber gerade nach der Geburt wollen Kinder so nah wie möglich bei ihren Eltern sein. Das Kind so früh in einem Kinderwagen abzulegen, fühlte sich für uns nicht stimmig an. Im Tragetuch kann man das Kind nicht nur wunderbar transportieren, sondern auch sehr gut beruhigen. Oft schnallte ich mir den kleinen Levin einfach um, um in Ruhe den Haushalt zu machen oder zu kochen.

Ganz grob würde ich sagen, dass es vier Arten von Tragemöglichkeiten gibt: gewebte Tragetücher, elastische Tragetücher, Tragen, die mittels Verschluss geschlossen werden, und diverse Mischformen davon gehören zu den moderneren Varianten.

Wir entschieden uns am Anfang für ein gewebtes Tuch, weil es vollkommen ohne Kunststoff auskommt. Gerade für die ganz Kleinen sind solche Tragetücher perfekt, weil die Kinder wie kleine Äffchen ganz eng am Körper kleben. Die Hebamme zeigte mir, wie man es wickelt, und versicherte mir, dass man das mit etwas Übung in Windeseile hinbekomme. Der Nachteil an dem gewebten Tuch ist jedoch, dass man es bei Neugeborenen immer neu wickeln muss, wenn man das Baby rausnimmt. Gerade in Kombination mit Windelfrei stellte sich das für uns bald als unpraktisch heraus. Zu Hause ist das kein Problem, aber wenn man unterwegs mal eben das Kind abhalten will, ist das aufwendig und manchmal auch ein echtes Gefummel, wenn man allein ist und nichts zum Ablegen hat. Ist auch noch der Boden nass, hört der Spaß spätestens dann auf.

Als Nächstes versuchten wir uns an einem elastischen Tragetuch. Das korrekte Binden ist zwar etwas komplizierter, der Vorteil besteht aber darin, dass das Kind rein- und rausgehoben werden kann, ohne dass man das Tuch lösen muss. Wir sind mit diesem Tuch aber nicht so recht warm geworden, weil wir zeitgleich auch eine Manduca-Trage geliehen bekamen. Das unkomplizierte

Öffnen und Schließen ließ uns relativ schnell umsteigen, obwohl das Kind eigentlich noch etwas zu klein dafür war. Wirklich zufrieden war ich aber auch mit dem Modell nicht, weil es nicht wirklich zu meiner Statur passte und ich schnell Rückenschmerzen bekam.

Als Levin schon fast aus dem Alter des Tragens raus war, sah ich immer häufiger die Kombitragen, die das leichte Öffnen und Schließen einer Trage mit der guten Passform des Tragetuchs vereinen. Das scheint mir im Nachhinein als eine sehr gute Wahl gerade für sehr junge und für windelfreie Kinder.

Wer wirklich Spaß am Tragen haben möchte, dem empfehle ich eine Trageberatung oder zumindest das Ausprobieren einiger Modelle. Da sich Eltern so eine Beratung nicht immer leisten können, ist sie ein schönes Geschenk zur Geburt. Ich habe das nie gemacht, weil ich mir keine neuen Sachen kaufen wollte und so viel von anderen bekam, dass ich auch mit nicht ganz perfekten Sachen gut zurechtkam.

## Kinderwagen und Buggy

Ein Kinderwagen stand bei uns lange zur Debatte. Gregor war strikt dagegen – er fand Kinderwagen spießig. Ich hatte ebenfalls den Anspruch an mich, mein Kind so lange es geht zu tragen, habe den geschenkten Kinderwagen einer Freundin aber dennoch angenommen. Wieder ein Punkt, den ich nicht missen möchte. Nach rund acht Monaten hat mich das Tragen körperlich so belastet, dass ich mich, wie ich bemerken musste, richtig vorm Rausgehen drückte. Nachdem ich akzeptiert hatte, dass es o. k. ist, einen Kinderwagen zu benutzen, auch wenn mein Mann das spießig fand, fiel eine große Last von mir und ich war sehr dankbar für das Geschenk. Auch anderen den Sohn für ein paar Stunden zum Spazierengehen in Obhut zu geben, ist mit Kinderwagen bedeutend leichter. Bei uns hat es sich zudem etabliert, den Mittagsschlaf im Kinderwagen zu machen, weil unser Sohn hier so wunderbar unkompliziert einschläft. Wir stellen ihn dann gern vor einen unserer Läden und lassen ihn in Ruhe schlafen, während wir drin die Hände frei haben. Für unterwegs ist es ebenfalls praktisch, weil er so überall schlafen kann und sich so viel Zeug darin verstauen lässt, das man nicht tragen muss. In der Anfangsphase habe ich sogar das Kind im Tragetuch getragen und den Einkauf in den Wagen getan.

Ich würde auf einen Kinderwagen also ungern verzichten wollen. Für andere ist das Tragen aber gar kein Problem und ihnen reicht ein Tragetuch aus.

Kinderwagen, die heute erhältlich sind, sind wahre Hightechmobile. Windschnittig, leicht, universell einsetzbar – und vor allem teuer. Wer viel Auto fährt, der wird sicher ein Modell bevorzugen, das gleichzeitig auch als Autositz fungieren kann. Da wir auch mit Kind nicht viel im Auto unterwegs sind, war es uns immer wichtiger, eine vollständig ebene Liegefläche zu haben. Letztlich kann ich nur empfehlen, sich nicht von all den technischen Möglichkeiten beeinflussen zu lassen und ein solides gebrauchtes Modell zu wählen. Das ist bedeutend günstiger, und einen Wagen, der alles kann, gibt es sowieso nicht. Sehr schön finde ich auch die alten Modelle, die gänzlich ohne Kunststoffteile auskommen und dementsprechend deutlich haltbarer sind und besser recycelt werden können.

Auch einen Buggy habe ich zu schätzen gelernt, weil er deutlich weniger Platz verbraucht und leichter transportiert werden kann.

## Babyfon

Ich weiß nicht, ob wir es uns angeschafft hätten, wir hatten aber eins. Die wenigen Male, in denen wir das Babyfon nutzten, hat es uns aber viel Freiheit verliehen. Schaut selbst, wie eure Lebenssituation ist und wie weit ihr euch entfernen möchtet. Da sich sowieso schon immer alles ums Kind dreht, kann ein bisschen Abstand, den dieses technische Gerät erlaubt, sehr erholsam sein. Auf einen Bildschirm würde ich aber verzichten. Sonst sitzt ihr doch nur die ganze Zeit davor und beobachtet, ob auch wirklich alles in Ordnung ist.

## Stubenwagen und Wippen

Auch sehr praktisch finde ich einen Stubenwagen, gerade wenn man weder Nanny noch Putzfrau hat und einfach auch nebenher noch den Haushalt schmeißt. Das Kind möchte trotzdem immer dabei sein und zugucken. Solange sich das Kind noch nicht selbstständig bewegt, kann ein solcher Wagen also viel Erleichterung bringen. Diese Phase ist aber so kurz, dass sie bei uns schon wieder vorbei war, bevor der Druck groß genug wurde. Die gleiche Funktion erfüllt das

Tragetuch. Wer damit körperlich gut zurechtkommt, der kann sich das Kind auch zu Hause umschnallen und alles mit ihm zusammen machen. Wir haben einfach einen gemütlichen Platz auf dem Küchenboden eingerichtet, auf dem Levin zugucken und sich ausprobieren konnte.

Ich habe zeitweise den Kinderwagen durch die Wohnung geschoben. Bei uns war das allerdings nicht praktisch, weil wir im ersten Stock wohnen und unser Kinderwagen ein Riesentrumm war. Ich kam damit noch nicht mal in der Wohnung richtig um die Kurve. Die meisten modernen Wagen sind jedoch so leicht und wendig, dass das durchaus eine gute Möglichkeit sein kann.

Alternativ habe ich mittlerweile auch eine Babywippe kennengelernt, in der das Kind glücklich wippend und schauend am Geschehen teilhaben kann. Ich bin mir nicht ganz sicher, was ich davon halten soll. Zwar finde ich das sehr praktisch, aber vielleicht auch nur deshalb, weil wir viel zu viel arbeiten.

## Trinkflasche

Während ich stillte, also ein volles Jahr hindurch, mussten wir unserem Sohn nicht noch extra Flüssigkeit geben. Erst mit dem Abstillen begann meine Suche nach einer Trinkflasche. Ich probierte einige Nuckelflaschen von Freunden aus, aber mein Sohn schien nicht zu verstehen, was er damit tun sollte.

Eine spezielle Nuckeltrinkflasche ist tatsächlich nicht notwendig, genauso wenig wie ein auslaufsicherer Trinkbecher. Gerade in der Anfangsphase scheinen sie zwar sehr praktisch, weil man sie dem Kind einfach in die Hände drücken kann. Wer aber ein bisschen Geduld investiert, der kann dem Kind beibringen, aus einem Glas zu trinken, noch bevor es dieses selbst halten kann. Anfangs legt man am besten ein Handtuch darunter, damit nicht alles nass wird. Aber sehr schnell hat das Kind den Dreh raus. Die Kleinen lernen so schnell, die Gegenstände richtig anzuwenden, dass ich solche Hilfsmittel nicht nur für unnötig halte. Der Eindruck, dass wir unseren Kindern viel zu wenig zutrauen, zieht sich durch immer mehr Lebensbereiche. Deshalb ist es mir wichtig, auch wenn es anfangs nicht immer die praktischste Lösung ist, auf solche Spezialanfertigungen möglichst zu verzichten. Mir erscheint es geradezu als bizarr, wenn Kinder bereits sprechen können und sich darüber echauffieren, dass aus ihrem Glas so viel rauskommt, weil es keinen Auslaufschutz hat.

Unsere Methode brachte anfangs mehr Arbeit mit sich, die sich aber schon bald schon auszahlen sollte. Das Trinken wurde schnell gelernt, und zwar aus allen normalen Gefäßen, Gläsern wie Flaschen. Nicht nur hat unser Sohn schnell ein Gefühl dafür bekommen, dass man Gläser nicht auf den Kopf stellen kann, ohne dass etwas rausläuft (wenn er es tut, dann tut er es bewusst), er hat sich damit auch nicht emotional von einer bestimmten Flasche abhängig gemacht. Er trinkt aus jeder Flasche, und es stört ihn nicht, wenn andere ebenfalls daraus trinken. Für mich bedeutet das weniger Stress und oft auch weniger Flaschen zu schleppen, weil wir uns eine teilen können.

Zudem sollte man sich gerade bei einer Trinkflasche darüber im Klaren sein, aus welchem Material sie ist, denn Kunststoffe können Weichmacher (nicht nur BPA) ins Wasser abgeben. Wir nutzen meist eine Weithals-Edelstahlflasche, aus der man wie aus einem Glas trinken kann. Für die Tagesmutter oder den Kindergarten kann unter Umständen eine spezielle Kinderflasche sinnvoll oder auch Voraussetzung sein. Sprecht aber erst darüber, bevor ihr unnötige Anschaffungen macht.

## Schnuller

Ein Kind, das immer einen Schnuller im Gesicht hat, löste bei Gregor und mir noch nie große Begeisterung aus, und das nicht nur wegen der Gerüchte über verbogene Zähne. Trotzdem habe ich mich von den gesellschaftlichen Normen und Normalitäten beeinflussen lassen und sicherheitshalber im Voraus einen Schnuller gekauft. Die Vorstellung, ein schreiendes Kind zu Hause zu haben, das sich nicht beruhigen lässt, verunsicherte mich – es wird ja einen Grund geben, warum so viele Menschen Schnuller verwenden! Wir waren uns aber einig, es erst mal ohne zu versuchen. Und tatsächlich gab es nur ganz wenige Momente, in denen ich mir einen Schnuller wünschte oder gar versuchte, ihn meinem Sohn zu geben. Glücklicherweise hat er sich auf diesen Brustersatz gar nicht erst eingelassen. Er hat nicht verstanden, was er damit machen sollte, und so blieb es, als hätte ich nie einen gekauft – ich musste mir andere Möglichkeiten einfallen lassen, das Kind zu beruhigen.

Schon sehr bald war ich sehr froh über diese Ablehnung, denn Gründe gegen einen Schnuller gibt es eine ganze Reihe:

- Wenn ein Kind Schnuller trägt, so reicht einer allein ja nicht aus. Man braucht gleich einen ganzen Satz von ihnen, die man überall verliert und vergisst, und wenn sie nicht mehr gebraucht werden, will sie auch niemand mehr haben. Wer akzeptiert schon gebrauchte oder gefundene Schnuller? Nein, sie landen allesamt im Müll.
- Ein Kind, das Schnuller trägt, kann ganz schön ungemütlich werden, wenn der Schnuller mal nicht auffindbar ist. Machen wir uns nicht unglaublich abhängig von so einem kleinen Ding, das das Einzige sein soll, was unser Kind beruhigen kann?
- Freiwillig gibt kein Kind seinen Schnuller her. Das Abgewöhnen ist oft eine anstrengende Phase voller Geplärre, die man sich leicht sparen kann, wenn man nie einen hatte.
- Schnuller müssen wie alle Gegenstände produziert werden. Und jedes nicht produzierte Produkt ist ein gutes Produkt. Zumal man solche Schnuller noch nicht mal auf dem Gebrauchtmarkt weitergeben oder erstehen kann, weil das unsere hygienischen Vorstellungen nicht zulassen.
- Für mich ist der allerwichtigste Punkt jedoch die Kommunikation. Beobachte ich andere Familien, habe ich oft den Eindruck, dass der Schnuller immer in Windeseile gezückt wird, wenn das Kind ungemütlich wird. Ist das nicht eine Art Ruhigstellung? Ist es nicht wichtiger, ein Kind anzuhören und herauszufinden, was seine Verstimmung auslöst? Natürlich gibt es Momente, in denen einfach nur Beruhigung notwendig ist. Spätestens beim Thema Windelfrei wird aber klar, dass es genauso viele Situationen gibt, in denen schlicht ein Bedürfnis nicht erkannt wird.

In der Praxis und in unserer modernen Gesellschaft wird ein Baby ohne Schnuller zunehmend schwieriger, weil Kinder und Mütter schon bald nach der Geburt (wieder) funktionieren und sich in einen zunehmend getakteten Alltag einpassen müssen. Das ist aber ein Schuh, den wir uns anziehen können oder eben auch nicht.

Der Schuh, den ich mir anfangs anzog, betraf solche Stimmen aus meiner Umgebung, die mich glauben machten, dass es komisch sei, sein Kind ständig zu stillen. Tatsächlich haben Kinder, wenn sie nuckeln wollen, nicht nur Hunger. Nuckeln bedeutet für sie Beruhigung und Vertrauen. Das kann der Schnuller, aber noch viel besser kann es Mutters Brust. Als mir das klar wurde, wurde mir ziemlich egal, was andere über Trinktaktungen zu sagen hatten. Wenn mein Sohn die Brust wollte, so nahm ich mir die Zeit, sie ihm zu geben.

Der Schnuller war also eine von meinen unnötigsten Besorgungen. Immerhin hatte sie einen Lerneffekt. Wir lassen uns so sehr durch unsere Umgebung und die Stimmen unserer Mitmenschen beeinflussen, dass wir gern unsere eigene innere Stimme überhören. Mich immer wieder davon lösen zu können und doch noch meinen eigenen Weg einzuschlagen, habe ich stets als sehr befreiend erlebt.

Nun möchte ich an dieser Stelle den Schnuller aber nicht vollkommen verteufeln. Für uns war er überflüssig, und ich glaube, für viele Kinder kann er das sein. Genauso kann es aber auch Kinder oder Situationen geben, bei denen oder in denen es anders ist. Ich möchte zwar jeden dazu ermutigen, es ohne zu versuchen, aber wenn es nicht klappt, werden daran das Kind und die Welt nicht zugrunde gehen. Wer Schnuller nutzt, der kann immerhin darauf achten, statt eines Kunststoffschnullers einen aus Naturkautschuk zu nehmen. Nicht nur ist das Material nachwachsend und biologisch abbaubar, es ist auch gesundheitlich unbedenklich, darauf herumzukauen, was bei Kunststoff nicht der Fall ist.

## Mullwindeln

Das wirklich Tolle an Mullwindeln ist ihre Multifunktionalität, weshalb sie in keinem Babyhaushalt fehlen sollten. Ganz unterschiedliche Dinge kann man mit ihnen machen, und es lässt sich herrlich damit improvisieren, wenn mal nicht alles läuft wie geplant oder Sachen vergessen wurden. Und das ist mit Kind quasi ständig der Fall. Eine Mullwindel lässt sich nutzen als:

- Windel in einer 2-Schritt-Windel
- Windeleinlage in einer 1-Schritt-Windel
- Spucktuch, Serviette, Waschlappen und Handtuch
- saugfähiger Lappen, wenn mal wieder was danebengeht
- Wickelunterlage für zu Hause oder unterwegs
- Pucktuch: Die Hebamme kann euch zeigen, wie ihr mit einem Tuch das Baby wie ein kleines Paket »zusammenklappt« und es fest einschnürt. Das kann sehr beruhigend wirken, weil es körperlich an die Situation im

Mutterleib erinnert wird. In der Anfangsphase reicht von der Größe eine Mullwindel dafür aus.

- Kopfstütze im Tragetuch: Hierzu wird die Windel in die oberste Bahn des Tragetuchs eingewickelt (das sollte euch aber auch die Hebamme zeigen).
- Stegverkleinerer für die Trage: Wenn das Baby noch zu klein für eine Trage ist, kann die Windel um den unteren Teil der Trage gebunden werden, um so den Steg zu verkürzen. Hierfür gibt es ebenfalls handelsübliche Produkte. Schaut sie euch an, um zu verstehen, wo das Tuch hinsoll. Kaufen müsst ihr so was aber nicht.
- Taschentuch
- Sichtschutz beim Stillen
- Sichtschutz beim Einschlafen im Kinderwagen oder im Tragetuch
- Schlabberlätzchen
- Halstuch
- Notfallmütze: Zum Dreieck falten, die Mitte um die Stirn legen, die Seiten an den Ohren vorbeiführen und hinten verknoten. Die mittlere Seite über den Kopf führen und zwischen Kopf und Knoten stecken.
- Windelfrei-Back-up
- Trainingshöschen
- Handtuch für Babys
- Schnuffeltuch: Ein Baby braucht dafür kein spezielles Tuch in Hasenform.
- Bruststütze: Bei großen Brüsten die gefaltete oder gerollte Mullwindel unter die Brust klemmen; kann das Stillen erleichtern.
- Furoshikituch: Mit ein paar Knoten kann man aus jedem quadratischen Tuch praktische Anwendungen zaubern – eine Tasche, eine Geschenkverpackung, ein Sack für nasse Windeln oder gesammelte Kastanien.
- Sieb: Wenn die Kinder aus dem Gröbsten raus sind, können Mullwindeln zum Abseihen von Pflanzenmilch, Tofu oder Ähnlichem dienen.
- Gemüse einwickeln: Gemüse bleibt länger knackig, wenn man es in Stoff einwickelt und dann in den Kühlschrank legt. Das kann ein Geschirrtuch, aber eben auch eine Mullwindel sein.

## Wetbag

Obwohl aus Plastik bzw. PUL, sollten ein bis drei Wetbags in keinem Zero-Waste-Baby-Haushalt fehlen. Sie erleichtern einem das Leben sehr. Darin verschwinden benutzte Windeln, Taschentücher und Waschlappen. Die Taschen gibt es in verschiedenen Größen und sie sind wasserdicht. Diese Wetbags sind übrigens auch ideal, um gebrauchte Binden zu transportieren, wenn man unterwegs ist.

## Kinderstuhl

Gerade in den ersten Monaten, in denen unser Baby noch nicht sitzen konnte, empfand ich unsere Wohnungsausstattung als sehr unnatürlich. Levin lag immer unten und wir beschäftigten uns am Tisch. Nicht selten wünschte ich mir alle Möbel aus der Wohnung raus, um mich mit meinem Kind auf Augenhöhe bewegen zu können. Ich erinnerte mich zurück an Kulturen in Südostasien, die kaum Möbel besaßen und alle Arbeiten inklusive Kochen auf dem Boden verrichteten. Sie saßen um einen niedrigen Tisch und aßen dort. Die Errungenschaften unserer Möbel kamen mir plötzlich so einschränkend und trennend vor.

Letztlich sind wir meinem immer wieder auftretenden Drang nicht gefolgt und haben unsere Möbel behalten. Um dem Kind mehr Teilhabe am Geschehen zu ermöglichen, das eben oft am Tisch stattfindet, ist ein spezieller Kinderstuhl eine sehr sinnvolle Anschaffung. Sie muss aber erst dann getätigt werden, wenn das Kind stabil sitzen kann. Bis es so weit ist, sollte es auf dem Schoß bleiben. Neu gekauft werden muss ein Kinderstuhl nicht, sie sind erfreulicherweise meist von sehr robuster Vollholzqualität, sodass sie lange halten und somit auch gut weiterverkauft werden können. Achtet darauf, dass der Stuhl sehr stabil und ein Umkippen unwahrscheinlich ist. Auch finde ich es wichtig, dass das Tischchen abgenommen und die Größe des Kinderstuhls so eingestellt werden kann, dass er auch noch weit über das Babyalter hinaus Verwendung findet.

## Laufrad

Manche Kinder, zu denen unseres nicht gehört, kommen schon unglaublich früh mit dem Laufrad zurecht. Damit lassen sich deutlich größere Distanzen zurücklegen, ohne den Buggy mitnehmen zu müssen. Auch lernen sie, bereits lange bevor es ans erste Fahrrad geht, die Balance zu halten. Das macht es später deutlich leichter.

Ein Manko hat es aber doch: Die Kinder sind so unglaublich schnell damit. Ein Laufrad zu benutzen muss daher nicht immer weniger Stress bedeuten, gerade in der Stadt oder in hügeligen Gegenden.

# Arbeitsaufwand

Es dürfte bislang deutlich geworden sein: Auf gewisse praktische Gadgets zu verzichten, macht das Leben mit Kind nicht zwangsläufig komplizierter. Es ist eher eine Frage, wann man Arbeit reinstecken möchte. Weniger Spezialausstattung bedeutet eingangs etwas mehr Arbeit und mehr Betreuung. Schnell kehrt sich das Verhältnis aber um. Wenn die Kinder früher selbstständig oder unabhängig werden, hat sich der Aufwand gelohnt. Am deutlichsten wird das bei der Windelfrage. Wer sich schon relativ früh die »Arbeit« (in vielen Fällen ist es gar keine Mehrarbeit) macht, das Kind windelfrei zu erziehen, der kann sich über die Minderarbeit freuen, wenn das Kind eineinhalb wird.

Auch lassen sich viele Diskussionen vermeiden, wenn man weniger personalisierte Gegenstände einsetzt, zu denen das Kind eine Bindung aufbaut. Denn häufig gibt es Stress, wenn es genau »seinen« Schnuller nicht finden kann oder »seine« Trinkflasche nicht teilen möchte.

# Woher bekommen?

Wenn man etwas braucht, dann würde ich immer erst auf dem Gebrauchtmarkt gucken. Da es schon so unglaublich viel Kinderkram gibt, ist es nicht notwendig, die Produktion für Neues zu befeuern. Gilt das ganz allgemein, ist es bei Kindersachen noch sinnvoller, weil die Verwendungszeit der Dinge so kurz ist, dass sie auf dem Gebrauchtmarkt noch sehr gute Qualität haben. Allein aus finanzieller Sicht ist es ein Gewinn, gebraucht zu kaufen. Das gilt sowohl für Spielzeug als auch für Kleidung, für Möbel und, ja, auch für Schuhe.

Mittlerweile gibt es in jeder Stadt Secondhandläden speziell für Kinder- und Babysachen. Eine gute weitere Anlaufstelle, gerade für den kleinen Geldbeutel, sind Flohmärkte. Hier muss weder ein Ladenlokal noch Personal finanziert werden, sodass wirkliche Schätze auch für kleines Geld zu finden sind, und man hat das Wochenendevent gleich inklusive. Besonders schön finde ich den neuen Trend der Hofflohmärkte. Da macht gleich ein ganzer Stadtteil mit. Man geht von Haus zu Haus bzw. von Hof zu Hof und lernt so noch die spannenden Innenhöfe der Nachbarschaft kennen. Dafür weiß man beim Flohmarkt natürlich nie genau, was man findet, und man muss auch Zeit mitbringen. Wer nach etwas Speziellem sucht oder mehr Unabhängigkeit braucht, der wird auf Internetplattformen fündig. Hier gibt es alles, was das Herz begehrt. Auf E-Bay Kleinanzeigen ist sogar eine Umkreissuche möglich, sodass nicht unbedingt Versand notwendig ist und man sich die Sachen auch vor dem Kauf anschauen kann.

Besonders schön ist es, Kindersachen mit anderen Familien zu tauschen, sie zu leihen, zu »(ver-)erben« oder auf Kleidertauschveranstaltungen zu ergattern, ganz ohne Geldaustausch. Eine andere Möglichkeit ist die Nachbarschaftsplattform *Nebenan.de*. Hier kann man gezielt seine engere Nachbarschaft nach allem Möglichen fragen und Dinge, die man selbst nicht mehr braucht, leicht loswerden. Ein Bonus ist der, dass man gerade in anonymeren Städten seine direkte Nachbarschaft ein Stück weit kennenlernen kann.

All die Möglichkeiten zum Erstehen von »Neuem« kann man wiederum selbst nutzen, um sich von nicht mehr Gebrauchtem zu befreien.

# Babypflege

Natürlich bietet uns die Industrie auch für die Pflege des Babys unzählige Produkte an, die ganze Supermarkt- und Drogerieregale füllen und von denen eine ganze Industrie lebt. Das ist es aber auch, was ein Kind ganz schön teuer werden lässt. »Normale« Eltern gehen regelmäßig in die Drogerie, um sich einzudecken, koste es, was es wolle, denn für das Baby soll es nur das Beste sein. Leider ist das Teuerste noch lange nicht das Beste. Aber erfreulicherweise schließt sich eine ökologische, gute und günstige Körperpflege bei Babys nicht aus.

## Waschlotionen, Seifen und Duschcremes

Babys und Kleinkinder brauchen keinerlei Waschlotionen, Seifen oder Duschcremes. Ganz im Gegenteil. Für die Haut von Babys und Kleinkindern ist es am besten, wenn man gar keine Pflegeprodukte benutzt. Jeder Fremdstoff kann den vollkommen intakten Fettfilm der Haut dauerhaft schädigen. Dabei sorgt dieser Film nicht nur für die Geschmeidigkeit der Haut, sondern schützt auch vor Keimen, Viren und Bakterien, die ohne ihn leichteres Spiel haben. Solche Pflegeprodukte trocknen die Haut unnötig aus und können sogar Allergien und Hautkrankheiten auslösen oder begünstigen. Auch wenn spezielle Babyprodukte in der Regel strenge Grenzwerte einhalten, was enthaltene Schadstoffe angeht, ist die beste Pflege immer noch reines Wasser. Die Kleinen haben den großen Vorteil, dass sie noch nicht diese intensive Geruchsentwicklung haben, die spätestens mit der Pubertät einsetzt. Es ist also nicht nur unnötig, solche Produkte zu verwenden, sondern sogar schädlich.

Aber nicht nur die Pflegeprodukte selbst sind kontraproduktiv, sondern auch zu häufiges Waschen. Kinder sollten nicht häufiger als einmal die Woche baden oder duschen. Es schadet ihnen aber auch nicht, wenn sie das deutlich seltener tun. Und halten wir uns daran, haben wir deutlich weniger zu tun.

*Unser Sohn ist zurzeit so wasserscheu, dass wir ihn nur alle paar Monate unter die Dusche zwingen. Mich beunruhigt das manchmal, weil ich weiß, dass sich das so nicht gehört. Er stinkt aber weder, noch ist er dreckig oder krank.*

Zu häufiges Waschen ist auch nicht vorteilhaft für das Immunsystem. Da Keime immer abgewaschen werden, hat das Immunsystem nicht viel zu tun und ist im Ernstfall schnell überfordert. Ein guter Mittelweg – also Sauberkeit ohne übertriebene Hygiene – ist sowohl bei Kindern als auch bei Erwachsenen am sinnvollsten.

## Babybad

Babys brauchen eine gründlichere Körperpflege als Kleinkinder, weil sich in ihren zahlreichen Hautfalten allerhand Knös und Feuchtigkeit ansammelt, die die Haut leicht wund scheuern können. Solange die Nabelschnur noch nicht abgefallen ist, wäscht man die Falten einfach vorsichtig mit einer feuchten Mullwindel.

Sobald der Nabel ab ist, kann richtig gebadet werden. Dafür lässt man handwarmes Wasser ins Waschbecken ein. Ein Tropfen Olivenöl im Wasserbad pflegt die Haut. Mehr Pflegeprodukte sollten nicht verwendet werden. Die Hebamme zeigt euch, wie das Baby gehalten wird.

Im Anschluss sollten die Hautfalten sehr sorgfältig abgetrocknet werden. Auch dafür ist eine Mullwindel, die um den Finger herumgewickelt wird, ideal. Man fährt damit einfach die einzelnen Hautfalten entlang.

Wie oben erwähnt: Mehr als einmal die Woche sollte das Baby nicht gebadet werden. Zwischen dem Baden reicht das Reinigen der Hautfalten mit einem feuchten Mulltuch aus.

## Seife

Anstatt immer gleich ganz unter die Dusche zu gehen, reicht es meist auch aus, das sauber zu machen, was wirklich dreckig ist. Hände und Füße können da gern auch mal Seife sehen. Die meisten anderen Stellen benötigen das in der Regel nicht.

Wenn doch Seife nötig ist, dann braucht man keine speziellen Babyprodukte. Eine milde rückfettende Seife oder eine einfache Olivenölseife reicht aus. Mit einem festen Stück Seife spart man Verpackungsmaterial und Transportaufwand, weil das Wasser erst zu Hause dazukommt. Man sollte dabei jedoch darauf achten, dass kein Palmöl, keine Farbstoffe und möglichst keine Duftstoffe verwendet werden. Die Palmölproduktion ist in hohem Maße für das stetige Abholzen des Regenwaldes verantwortlich. Duftstoffe und Farbstoffe können Allergien auslösen und die Haut zusätzlich reizen. Weniger davon ist besser für die Haut von Kindern, aber auch von Erwachsenen.

Habt ihr das Bedürfnis nach flüssiger Seife, könnt ihr diese auch selbst herstellen.

***Flüssigseife***

1 Stück Seife raspeln, mit warmem Wasser bedecken und so lange warten, bis sich die Seifenflocken aufgelöst haben. Zwischendurch umrühren und evtl. Wasser nachgeben, um die gewünschte Konsistenz zu erhalten. Das kann gut einen Tag dauern.

## Shampoo

Ähnliches gilt für die Haarwäsche. Damit Haare nicht fettig aussehen, brauchen sie von Natur aus keine Wäsche mit tensidhaltigen Produkten wie Shampoo. Viele Menschen waschen sich die Haare mit Alternativen wie Ton- oder Heilerden, mit Roggenmehl oder sogar nur mit Wasser. Ist die Kopfhaut jedoch einmal an den stetigen Fettentzug gewöhnt, passt sie sich an und produziert umso mehr Fett nach – ein Teufelskreis. Davon wieder loszukommen, kann ein monatelanger Prozess sein. Wieso also überhaupt erst damit anfangen?

Unser Sohn hatte noch nie Shampoo oder Seife auf dem Kopf, und sein Haar ist trotzdem so wunderschön, dass ich neidisch werde.

Macht den Test und seht selbst. Wascht die Haare eures Babys einfach nicht und wartet damit so lange ab, bis ihr der Meinung seid, dass sie zu fettig sind (und nicht wenn ihr der Meinung seid, es wäre jetzt mal Zeit!). Dadurch erspart ihr euch jede Menge Arbeit und dem Kind jede Menge Leid und Shampoo, das in die Augen läuft.

Aber nicht nur das. Auch Babyshampoos enthalten Inhaltsstoffe, die äußerst zweifelhaft sind. So gibt es extra Shampoos, die nicht in den Augen brennen. Dieser Effekt basiert aber nicht auf besonders sensitiven Inhaltsstoffen, sondern auf solchen, die betäubend wirken, weshalb man nicht merkt, dass der Fremdkörper, der im Auge ist, eigentlich brennen müsste.

Solltet ihr entgegen meiner Prognose doch irgendwann der Meinung sein, dass es Zeit für eine Haarwäsche ist, dann erspart dem Kind möglichst die synthetischen Shampoos und wascht die zarten Härchen mit Roggenmehlshampoo.

***Roggenmehlshampoo***

Unter 1 EL Roggenmehl (am besten kein Vollkornmehl, Weizenmehl funktioniert nicht) löffelweise Wasser einrühren, bis eine sämige Konsistenz wie Pfannkuchenteig entsteht (idealerweise ein paar Stunden stehen lassen). Die Mischung in die Haare einreiben und ausspülen. Hier kann nichts in den Augen brennen.

## Creme

Wer auf Seifen und Shampoos verzichtet, der kann zudem meist auch auf andere Produkte verzichten, die versuchen, den abgewaschenen Fettfilm wiederherzustellen. Genau wie Erwachsene brauchen Kinder keine Creme – wirklich gar keine. Auf all die vielen speziellen Babycremes kann und sollte getrost verzichtet werden.

## Wundsalbe

Eine ausgewachsene Windeldermatitis ist kein Spaß, weder für Babys noch für Eltern. In der klassischen Einwegwindel ist ein wunder Po vorprogrammiert. Wenn man Glück hat, dann kommt es nicht ganz so weit. Anstatt die wunden Stellen symptomatisch zu behandeln und dick mit speziellen Cremes einzureiben, versucht man besser, den wunden Po von vornherein zu vermeiden. Wer das Baby abhält, der hat es leicht damit. Aber auch Stoffwindeln, ein zeitnahes Wechseln der vollen Windeln und häufiger mal »unten ohne« wirken sich positiv aus. Die beste Pflege für den Po ist tatsächlich Luft. Auch wenn Kinder ganz normal in Windeln stecken, sollte man sie so oft es geht ohne rumlaufen lassen.

Unser Sohn hatte daher nie Probleme mit wunden Stellen. Nur wenige Male waren einige Stellen am Po gerötet. Solche Problemstellen werden am besten mit reinem Öl behandelt. Im Handel bekommt man zwar auch spezielle kosmetische Öle angeboten, es empfiehlt sich aber, auf einfache Speiseöle in Bioqualität zurückzugreifen, die man vielleicht sowieso im Schrank stehen hat. Die Grenzwerte für Schadstoffrückstände sind für Speiseöle deutlich strenger als die für Kosmetiköle. Wir haben gute Erfahrungen mit Olivenöl gemacht, aber auch Sonnenblumen, Raps- oder Mandelöl sind sehr pflegend.

Auch Ekzeme und trockene Stellen können mit reinem Öl sehr gut behandelt werden.

## Sonnencreme

Auf Sonnencreme würde ich grundsätzlich nicht verzichten, weil es eine gesundheitliche Frage ist, das Kind nicht zu viel Sonne auszusetzen. Es gibt allerdings auch andere Möglichkeiten, es vor zu viel Sonne zu schützen. Eine ist die natürliche Schutzfunktion der Haut, die sich durch Kontakt zur Sonne aufbaut und sich als Bräune zeigt. Entgegen dem weit verbreiteten Vorurteil können auch Babys braun werden. Natürlich sollte man hier sehr behutsam vorgehen und keine »Sonnenbäder« mit ihnen machen. Es reicht schon aus, wenn man sie nicht übermäßig und prophylaktisch immer und überall eincremt. Ist es bewölkt, ist in unseren Breiten in der Regel keine Sonnencreme notwendig. Auch im Schatten muss ein Baby nicht eingecremt werden. So kann sich die

Haut langsam an die Sonne gewöhnen und einen natürlichen Schutzschild durch Bräunung aufbauen.

Sinnvoller als Creme ist immer der konstruktive Sonnenschutz, also langärmlige Kleidung, Sonnenhut, Aufenthalt im Schatten und Mittagssonne vermeiden. Gerade wenn die Kinder laufen können, ist es auch nicht notwendig, immer jeden Quadratzentimeter nackte Haut abzudecken. Vor allem die Bereiche, die direkt angestrahlt werden, sind wichtig. Unterschenkel und die Unterseite der Arme sind allein durch ihren Einstrahlungswinkel schon gut geschützt, die Schultern, die Oberseite der Arme, die Nase und die Wangen hingegen eher gefährdet. So haben wir in zwei Jahren keine 50 ml verbraucht.

Mit Sonnencreme sparsam umzugehen, ist nicht nur eine Frage der Verpackung. Es gibt tatsächlich mittlerweile auch Sonnencreme zum Abfüllen in einigen Unverpackt-Läden, und die Möglichkeit, so eine Creme selbst anzurühren. Trotzdem ist es ein Produkt, das produziert werden muss und das abgespült in unserem Abwasser und unseren Badegewässern landet. Auf ein biologisch abbaubares Produkt zu setzen, ist das Mindeste, den Verbrauch auf das wirklich Notwendige zu reduzieren, ist aber genauso sinnvoll.

Geht es mit den Kleinen an den Strand, ist auf jeden Fall Sonnencreme notwendig.

## Zahnpflege

Für Babys und Kleinkinder gibt es die verrücktesten Zahnbürstenmodelle. Wir sind jedoch ohne diese Spezialanfertigungen ausgekommen.

Die ersten Zähnchen kann man sehr gut mit einer Swak-Zahnbürste reinigen. Der Griff aus Biokunststoff kann mit auswechselbaren Köpfchen aus dem Miswakzweig bestückt werden. Dieser Zeig enthält natürliches Fluorid und funktioniert ohne Zahncreme. Gerade wenn die Kinder noch nicht ausspucken können, ist das eine gute Möglichkeit zum Putzen. Die Zahnbürste wird einzeln über jeden Zahn gerieben und hinterlässt ein wunderbar sauberes Gefühl. Schön daran ist außerdem, dass man den Kindern nicht wehtun kann, weil das Bürstenköpfchen sehr weich ist. Bei anderen Zahnbürsten war ich mir hingegen nicht immer so sicher, ob mein Sohn schreit, weil er Zahnpflege langweilig findet oder weil es ihm unangenehm ist.

Seit die Zahnreihen etwas üppiger bestückt werden, nutzen wir auch immer öfter eine normale Kinderzahnbürste aus Bambus. Handelsübliche Zahnputztabletten werden zu Pulver zerbröselt und einige Zeit offen stehen gelassen, damit es an Schärfe verliert. Die feuchte Bürste wird hineingetunkt, und die Zähne werden ganz normal geputzt. Wenn die Kinder noch nicht ausspucken können, sollte auf jeden Fall auf Fluorid verzichtet werden. Wer sich Sorgen um die Zahngesundheit macht, der achtet am besten darauf, was die Kinder so essen, und geht mit Süßigkeiten gerade am Anfang, wenn das Putzen noch schwierig ist, sparsam um. Gerade in den ersten drei Jahren muss man den Kindern keine Süßigkeiten vorsetzen. Sie essen in der Regel mit Freude sehr viele gesunde Sachen und kommen erst durch unsere Verführung auf den »Geschmack«. Bevor sie die süßen Versuchungen kennenlernen, werden diese in keiner Weise vermisst.

## Zahnen

Wenn Babys zahnen, dann kann das schon mal schmerzhaft werden. Auch wenn das vermehrte Weinen und Jammern für die Eltern ebenso anstrengend ist, ist es wichtig, dass man den Kleinen Verständnis entgegenbringt. Mit viel Zuwendung und Körperkontakt fällt es ihnen leichter, solche Phasen durchzustehen. Hat ein Kind Schmerzen, dann sollte es weinen dürfen, am besten in Mamas oder Papas Arm. Um zusätzliche Linderung zu verschaffen, gibt es allerhand Spezialprodukte wie Massagehandschuhe, Beißringe, Veilchenwurzeln, Gels und Globuli.

Auf Kunststoffgegenstände sollte man definitiv verzichten, weil der abgekaute Kunststoff natürlich auch oral aufgenommen wird. Aber auch die anderen handelsüblichen Produkte solltet ihr euch für den Ernstfall aufsparen und erst einmal schauen, was schon da ist. Was vor allem Linderung verschafft, sind Kauen und Massieren. Massieren kann man mit dem Finger auch ohne Handschuh, und kauen kann man praktisch auf allem: auf Brotkanten oder dicken Apfelscheiben oder auch auf einem Holzlöffel (oder einem anderen Holzgegenstand). Kommen die Apfelscheiben aus dem Kühlschrank, haben sie auch gleich noch einen kühlenden Effekt.

# Einwegmaterial

Ein großer Batzen an Müll entsteht in unseren Haushalten heutzutage, weil wir uns mit so vielen Einwegprodukten umgeben. Mit Baby und Kindern werden es meist noch viel mehr, weil sie ja so viel ekligen Dreck machen. Tatsächlich sollten wir uns gut überlegen, ob es uns die Gemütlichkeit wert ist, dafür konstant Ressourcen zu verschwenden. Ich setze bei mir und auch bei meinem Sohn konsequent auf Mehrwegprodukte oder andere Alternativen. Und da gibt es eine ganze Reihe von Möglichkeiten.

## Taschentücher

Handelsübliche Taschentücher bestehen zwar nur aus Papier, dafür sind sie aber gleich doppelt in Plastik eingepackt. Auch wird unser hoher Papierverbrauch zunehmend zu einem ernsthaften Problem. Solche großen Mengen können nicht mehr nachhaltig aufgeforstet werden. So stammen beispielsweise geschätzte 20 Prozent des weltweiten Papierverbrauchs aus Regenwaldrodung. Papier und Pappe sind also in der Praxis keineswegs ein immer nachwachsender Rohstoff. Damit die theoretische Nachhaltigkeit auch tatsächlich umgesetzt werden kann, ist es wesentlich, dass wir unseren Verbrauch deutlich reduzieren. Hinzu kommen der hohe Energieaufwand, Wasserverbrauch und Chemikalieneinsatz, um aus einem harten Baumstamm ein zartes Taschentuch oder ein weißes Blatt zu machen, und schließlich der Transport in erdölgefütterten Lkws. Das sind alles Faktoren, die deutlich an dem Bild des nachwachsenden und daher unbedenklichen Rohstoffs kratzen und mich immer wieder zu der Erkenntnis bringen:

*Lieber Papier als Plastik, aber noch lieber gar keine Einwegartikel.*

Deshalb gibt es für unseren Sohn genauso wie für uns nur Stofftaschentücher. Wir haben sowieso einen relativ großen, hauptsächlich selbst genähten Stofftaschentuchbestand zu Hause, damit wir auch ohne Einwegtaschentücher durch den Winter kommen. Taschentücher kann man leicht selbst nähen, zum Beispiel aus alten Bettbezügen oder ähnlichen Stoffen. Das ist die ideale Beschäftigung für die Schwangerschaft – Nähen geht auch mit dem dicksten Bauch. Ansonsten gibt es sie mittlerweile auch wieder neu zu kaufen, oder es finden sich historische Modelle auf dem Gebrauchtmarkt. Für die stetig laufenden Kindernasen tun es auch die multifunktionalen Mullwindeln, die stets zur Hand sind. Vor Schnodder muss sich niemand Sorgen machen, gebrauchte Papiertaschentücher steckt man schließlich auch in die Tasche, und nach dem Waschen ist alles weg. Gebrauchte Taschentücher kann man unterwegs in einem separaten Stoffbeutel sammeln oder, wenn man sowieso einen Wetbag dabei hat, sie auch dort hineingeben. Eine weniger hermetisch abgetrennte Taschentuchsituation in der Tasche führt aber auch nicht zu überhöhen Krankheitsfällen, höchstens zu Chaos.

Das Aufhängen der gewaschenen Taschentücher ist zwar Arbeit, die kann man aber auch ganz meditativ mit dem zuguckenden Kind erledigen.

## Wickelunterlagen

Einwegwickelunterlagen scheinen sich ebenfalls zunehmender Beliebtheit zu erfreuen. Zumindest sehe ich sie immer häufiger. Dass sie im Krankenhaus eine gewisse Berechtigung haben, kann ich vielleicht noch verstehen. Warum sie es aber geschafft haben, auch in jede Wickeltasche einzuziehen, ist mir ein Rätsel. Ich vermute, dass die meistens Menschen so eine Unterlage nicht, wie es in ihrem Namen anklingt, nur einmal verwenden. Ein bisschen spürt man diesen Irrsinn ja doch, selbst wenn man in hohem Maße durch die Wegwerfgesellschaft geprägt ist wie wir. Trotzdem möchte ich dazu anregen, hier auf Alternativen zu setzen, denn kaum irgendwo ist es einfacher, in der Babyphase auf unnötigen Müll zu verzichten. Immerhin bestehen diese Unterlagen aus diversen verschiedenen Kunststoffschichten, die ein Recycling unmöglich machen. Das ganze Material wird also verbrannt, und der Rohstoff ist für immer verloren.

Solche Unterlagen dienen lediglich dazu, das Kind beim Wickeln darauf abzulegen. In der Regel kommt es dabei nicht zu sonderlichen Verschmutzungen, es ändert sich für die Eltern also kaum etwas, wenn sie auf Mehrwegunterlagen umsteigen. Und die müssen gar nichts Besonderes, speziell Angefertigtes sein – ein einfaches Handtuch reicht vollkommen aus. Wer für unterwegs etwas Platzsparenderes möchte, der kann auch ein Stofftuch nehmen, eine Moltonunterlage oder zwei Mullwindeln übereinander. Diese werden dann hin und wieder mitgewaschen, und das war auch schon der ganze Aufwand. Sollte es doch mal zu einer ernsteren Sauerei kommen, wird das Tuch einfach in einen Wetbag gesteckt und sicher nach Hause transportiert.

Ich habe solche Unterlagen eher selten genutzt, hauptsächlich im Winter als wärmende Unterlage. Sobald mein Sohn zu den Zweibeinern übergegangen war, habe ich ihn unterwegs meistens im Stehen gewickelt.

## Feuchttücher

Auch Feuchttücher tun mir in der Seele weh. Nicht nur, weil sie in der Regel keineswegs nur aus Papier bestehen und deshalb auch nicht biologisch abbaubar sind. Sie enthalten eine Vielzahl an kritischen Inhaltsstoffen, mit denen wir unsere Babys eigentlich nicht in Kontakt bringen wollen.

So werden sie teilweise mit PHMB – Polyaminopropyl Biguanide – haltbar gemacht, ein Stoff, der als Gefahrenstoff gilt und als krebserregend, erbgutverändernd und fortpflanzungsgefährdend bewertet wird. Auch beim Einatmen soll er giftig sein. Weitere problematische Inhaltsstoffe sind PEG-Derivate oder halogenorganische Verbindungen. Wie gefährlich ein Feuchttuch tatsächlich ist, hängt auf jeden Fall nicht mit einem Markennamen oder Preis zusammen. Es gibt zwar auch einige unbelastete Sorten, die sehr gut bewertet werden, die Frage bleibt aber offen, ob Duftstoffe und Co. überhaupt an die Babyhaut gehören.

Abgesehen von solchen gesundheitlichen Fragen bleibt ein Feuchttuch letztlich aber immer eine Belastung für die Umwelt, die wir für unsere Kinder doch eigentlich erhalten wollen. Eine richtige Entsorgung findet ebenfalls häufig nicht statt. Nicht selten landen sie in der Natur in der Annahme, dass sie sich dort in Luft auflösen, oder in der Toilette, wo sie die Abwasserkanäle verstopfen und die Wasserklärung zunehmend belasten.

Aber wie kann man diese unglaublich praktischen Feuchttücher ersetzen? Zu Hause reinigten wir unser Kind meistens nur mit Wasser und direkt über dem Waschbecken. Gerade anfangs, wenn die Kinder noch so winzig und leicht sind, ist es kein Problem, sie über das Waschbecken zu halten und dort zu waschen. Das ist auch schlichtweg weniger Arbeit. Dafür ist es freilich angenehm, wenn sich die Wickelauflage im Badezimmer befindet.

Sollte euch diese Variante zu unangenehm sein oder das Waschbecken sich nicht praktischerweise in der Nähe der Wickelauflage befinden, hat es sich bewährt, mit Waschlappen und einer Schüssel Wasser zu arbeiten. Natürlich ist es unpraktisch, immer für warmes Wasser zu sorgen. Ich habe aber auch am Waschbecken nicht die Erfahrung gemacht, dass das notwendig ist. Da ich Energie spare, wo ich kann, wasche ich unseren Sohn immer mit kaltem Wasser, so, wie ich auch selbst mit der Hygienebrause kaltes Wasser nutze. Dort konnte ich mir anfangs auch nicht recht vorstellen, dass sich das gut anfühlt, aber weder mich noch meinen Sohn stört es. Ich glaube aber auch, dass ein bisschen Abhärtung nicht schaden kann, solange das Kind sich nicht beschwert (bzw. sich nicht mehr beschwert als bei warmem Wasser). Deshalb ist warmes Wasser auch am Wickeltisch nicht notwendig. Wer trotzdem Bedenken hat, der kann morgens eine Thermoskanne mit temperiertem Wasser füllen und dieses bedarfsgerecht über der Schüssel auf den Waschlappen geben.

Ganz ähnlich funktioniert das Prinzip auch unterwegs. Statt der dicken Standardwaschlappen sind hier aber spezielle dünne Waschlappen zu empfehlen, weil sie das Transportvolumen kleiner halten. Mit einem Satz Waschlappen und einer Flasche Wasser (u. U. Thermoskanne) ausgestattet, kann das Kind auch unterwegs überall gereinigt werden. Erst kürzlich erhielt ich den brandheißen Tipp, das Wasser in einer Sprühflasche zu transportieren. Ich habe es nicht ausprobiert, es klingt aber praktisch, weil man es bedarfsgerecht dort aufsprühen kann, wo es hinsoll. Ein Spritzer pflegendes Öl kann gleich mit in die Sprühflasche gegeben werden.

Sind die Waschlappen benutzt, kommen sie in einen Wetbag. Alternativ kann man auch gleich zwei Wetbags mitführen, von denen einer direkt feuchte Waschlappen enthält. Für uns hat sich das als nicht praktikabel herausgestellt, weil wir außer Haus auf Windelfrei setzten und so unterwegs nur selten Waschlappen brauchten. Mit welcher Methode man am besten zurechtkommt, wird man im Laufe der Zeit selbst herausfinden.

# Kleidung

Natürlich braucht das Kind von Geburt an Kleidung. Ich hatte vorher jedoch keine Ahnung davon, was man so einem kleinen Würmchen wohl anzieht. Deshalb war ich heilfroh über eine Sommergeburt, die das Problem der Kleidung zumindest vorerst minimierte, vor allem aber über zahlreiche Kleiderspenden anderer Mütter. So musste ich kein einziges Kleidungsstück kaufen und konnte mich durch die Berge durchwühlen und ausprobieren, was passt und was nicht. Das ist wirklich eine luxuriöse Situation für einen Konsummuffel wie mich.

Wer keine solchen Gönner im Bekanntenkreis hat, der muss sich selbst und auch schon vor der Geburt um das Nötigste kümmern. Aber gerade bei Kinderkleidung macht es am allerwenigsten Sinn, *neue* Sachen zu kaufen. So viel Geld auszugeben für ein T-Shirt, das vielleicht ein paar Monate passt, ist reine Verschwendung. Zudem ist so viel Kinderkleidung im Umlauf, dass wir wahrscheinlich 20 Jahre gut zurechtkämen, wenn wir gar keine neue Kleidung produzieren würden (das gilt übrigens nicht nur für Kinderkleidung). Zudem ist Kinderkleidung, gerade weil sie nur so kurz getragen wird, meist in sehr gutem Zustand, wenn sie weitergegeben wird. Also am besten gebraucht kaufen auf Flohmärkten oder in Secondhandläden, beim Kleidertausch ergattern, bei Freunden oder bei kommerziellen Anbietern leihen.

Wer selbst kaufen muss, dem wird es eine Erleichterung sein, dass man tatsächlich weitaus weniger braucht, als man denkt. Nicht jedes Kleidungsstück wird in zigfacher Ausführung benötigt. Freunde und Verwandte scheinen das oft kaum zu glauben, aber ein Kind kann nicht mehr als einen Strampler auf einmal anziehen. Lieber erst einmal weniger kaufen und nachlegen, wenn etwas fehlt.

Da es mir sowohl organisatorisch als auch finanziell sehr entgegenkam, Kleidung für die ersten zwei Jahre geschenkt zu bekommen, verschenke ich sie ebenfalls weiter. Ich bin auch nicht auf das Geld aus einem solchen Verkauf angewiesen, sodass ich mir den Aufwand nur zur gern spare, mich auf den Flohmarkt zu stellen. Zudem finde ich immer mehr Gefallen an Tausch und Gabe ganz ohne direkten Geldwert. Das macht den Kleidertausch für mich immer wieder zu einer Freude. In einer Welt des Überflusses gibt es keinen Grund, Menschen nicht etwas umsonst zu geben, die es nicht so dicke haben.

## Nachtwäsche

Grundsätzlich haben wir auch bei der Kleiderfrage versucht, uns das Leben so einfach wie möglich zu machen. Deshalb gab es bei uns auch nie Strampler, Schlafanzüge oder sonstige spezielle Nachtkleidung. Wenn die Tageskleidung für die Nacht adäquat ist, dann gibt es keinen Grund, Kinder ständig an- und auszuziehen. Sie stehen da nämlich überhaupt nicht drauf, und dieser Konflikt lässt sich mit weniger Anspruch deutlich minimieren.

*Anfangs schlief Levin immer bei uns im Bett unter einer Decke mit mir. Er trug dabei einen Body (der unten offen blieb) und mal eine Stoffwindel, mal gar nichts. Er war selig, und ich war es auch. Mehr brauchten wir nicht. Irgendwann wurde er immer aktiver und strampelte wie ein Weltmeister. Dann gingen wir zu einem Babyschlafsack über. Darunter blieb er im T-Shirt des Tages und untenrum nackig oder mit Stoffwindel. Aus dem Schlafsack kann das Kind problemlos abgehalten werden, ohne dass es komplett ausgepackt werden muss. Beim klassischen Strampler hingegen ist dieser Prozess wesentlich komplizierter. Deshalb nutzten wir sie auch nie. Erst als der Schlafsack zu klein wurde, zogen wir unserem Sohn zum Schlafen eine Hose an, weil er von Decken nicht viel zu halten scheint. Eine spezielle Schlafanzughose gibt es aber nicht. Hauptsache, sie ist schön weich und der Temperatur angemessen. Wenn er sie schon am Tag getragen hat, dann bleibt sie einfach an.*

Warum erzähle ich das so detailliert? Ganz einfach: Wer an Zero Waste mit Baby denkt, der mag leicht glauben, dass damit alles komplizierter, aufwendiger und anstrengender wird. Manche Sachen machen auch etwas mehr Arbeit. Aber ich kann nicht müde werden zu betonen, dass wir uns unglaublich viele Dinge angewöhnt haben, die sowohl arbeitsaufwendig als auch unnötig sind und die meist nicht hinterfragt werden. Wir sollten uns alle mehr trauen, selbst zu entscheiden, was wir für nötig halten und was genau unser Kind braucht, dann können wir uns unter Umständen auch jede Menge Arbeit einfach sparen. So wie das ständige An- und Ausziehen unserer Kinder: Es ist schlichtweg nicht notwendig, die Kleidung ständig zu wechseln, weil Kinder in ihren ersten Jahren keinen unangenehmen Körpergeruch entwickeln. Es reicht aus, die Sachen zu wechseln, wenn sie dreckig sind. Und selbst das ist nur unser eigener Anspruch – dem Kind ist das Ganze herzlich egal. Genauso wie es sich nicht darum schert, welche Farbe sein T-Shirt hat, ob die Größe perfekt sitzt oder ob es zur Farbe der Hose passt.

Wer zudem Schlabberlätzchen nutzt, der kann noch seltener waschen. Ein richtiges Lätzchen ist auch gar nicht notwendig. Ein dünnes Tuch, etwa erneut die vielseitige Mullwindel, um den Hals gebunden, reicht aus – gern kann es so lang sein, dass auch die Beine abgedeckt werden. Und wenn es nach dem Essen sowieso gleich auf den Spielplatz geht, ist ein frisches T-Shirt komplett unnötig. Diese Einstellung, die man gewinnt, wenn man es mit den Augen des Kindes sieht, hat mir persönlich sowohl Arbeit als auch Stress erspart.

Irgendwann kommen die Kinder in ein Alter, in dem der Schlafanzug jedoch mehr ist als nur lästige Pflicht. Er kann genauso zur abendlichen Routine dazugehören, die dem Kind Sicherheit gibt und es darauf vorbereitet, dass es bald ins Bettchen geht. Mittlerweile ist die Tageshose zum Schlafen auch eher ungemütlich und nach dem Spielplatz zu dreckig. Deshalb haben auch wir nach dem zweiten Geburtstag zumindest untenrum auch mit »Schlafkleidung« angefangen. Ein spezieller Schlafanzug muss es wie gesagt dennoch nicht unbedingt sein. Zwei bequeme Hosen reichen aus, dann hat man immer eine zum Wechseln.

## Material

Bei unserer eigenen Kleidung, mehr noch aber bei Kinderkleidung ist es sinnvoll, natürliche Materialien wie Baumwolle oder noch besser Leinen, Hanf oder andere regionale Materialien auszuwählen, denn die Rohstoffe hierfür sind nachwachsend. Auch Biokleidung sollte Standard sein, denn konventionelle Kleidung enthält nicht nur Schadstoffe, die über die Haut aufgenommen werden und die erst nach zahlreichen Waschgängen ausgeschwemmt sind. Der Anbau konventioneller Pflanzen schädigt nachhaltig die Biodiversität, zerstört die Fruchtbarkeit der Böden und belastet Flüsse und das Grundwasser. Die Arbeiter auf den Plantagen und in der Produktion sind ständig gesundheitsschädlichen Schadstoffen ausgesetzt und arbeiten zu Hungerlöhnen deutlich mehr Stunden in der Woche, als wir es uns auch nur vorstellen könnten. Wer gebraucht kauft, der muss sich darum weniger Gedanken machen, aber auch hier ist die Frage, welche Produktionsweise man eher unterstützen möchte.

Gerade für Kinder gibt es allerdings einige praktische Accessoires, die nicht aus nachwachsenden Rohstoffen zu haben sind. Trotzdem möchte man Matschhosen, Matschsocken, Gummistiefel und Regenjacken nicht missen, wenn man sein Kind nicht wetterscheu machen will. Hier ist es umso sinnvoller, gebraucht zu kaufen. Abgesehen davon gibt es auch allerhand Alternativen zum Beispiel aus Filz auf dem Markt, die zwar nicht wasserdicht, aber immerhin sehr wasserabweisend sind.

# Essen & Trinken

Was Babys und Kinder essen sollten und was nicht, dazu gibt es teils sehr kontroverse Meinungen, und jeder macht es ein bisschen anders. Worauf allerdings jeder für seine Babykost, ganz egal wie er sie zubereitet, achten sollte, ist Bioqualität. Einerseits sind in konventionellen Produkten und Lebensmitteln Rückstände von Dünge- und Pflanzenschutzmitteln zu finden, die über die Nahrung aufgenommen werden. Andererseits schaden diese Mittel der Umwelt, machen die Ackerböden nachhaltig unfruchtbar und belasten das Grundwasser. Mit dem Konsum solcher Lebensmittel trägt man also nicht gerade zu einer rosigen Zukunft des eigenen Kindes bei. Deshalb ist es zwar insbesondere für Babynahrung sinnvoll, auf Biolebensmittel umzusteigen, eigentlich aber auch für uns selbst.

Beikost wird frühestens ab dem fünften Monat empfohlen. Es gibt Stimmen, die sagen, man sollte spätestens nach dem siebten Monat damit anfangen. Letzterem kann ich mich nicht anschließen. Kinder signalisieren deutlich, wenn sie Interesse an Beikost haben. Sie beobachten uns genau und greifen nach den Sachen auf unserem Teller. Das sind klare Indizien dafür, dass sie bereit sind. Möchten sie im siebten Monat oder auch später noch nichts davon wissen oder wehren sich sogar dagegen, ist es nur im Sinne der Kinder, sie darin ernst zu nehmen.

Wer schon vor den ersten Zähnen ganze Milchmahlzeiten ersetzen möchte, der kommt um den Babybrei nicht herum, weil die Kinder in dem Alter andere Nahrung noch nicht verarbeiten können. Viele Eltern greifen nun zu Fertigprodukten aus dem Glas. Die Auswahl ist riesig. Sucht man sich einfache Breie aus, kann ich das noch verstehen, aber Spaghetti Bolognese und Hühnerfrikassee mit Reis zu einem sämigen Brei zu pürieren erscheint mir irrsinnig.

Davon abgesehen gibt es einige Gründe, die Babynahrung immer selbst zuzubereiten:

- Die Gläschen sind Einweggläser. Wenn man mal durchrechnet, wie viel Glasmüll allein in einer Woche zusammenkommt, ist das eine ganz schöne Verschwendung.
- Die Gläser können noch nicht mal sonderlich gut zu einer Zweitnutzung verwendet werden, weil sich der Deckel kaum wieder richtig schließen lässt.
- Sie enthalten tatsächlich oft Zucker oder andere bedenkliche Zusatzstoffe.
- Fertignahrung ist teurer.

## Babybrei verpackungsfrei

Erfreulicherweise sind handelsübliche Gläschen unglaublich einfach zu ersetzen. Gekochtes Essen zu pürieren bekommt wirklich jeder hin. Selbst gemachter Brei ist auch eine gute Möglichkeit für solche Mütter, die nicht stillen können, sich frühzeitig von handelsüblichem Milchpulver zu verabschieden.

Bei der Einführung von Breikost werden gewisse Reihenfolgen empfohlen. Wir haben uns allerdings nicht wirklich darum gekümmert. Milchprodukte haben wir sowieso erst nach einem Jahr eingeführt, Getreide gab es nur in Form von Backwaren, und auf Obst wurde hauptsächlich rumgenuckelt. Trotzdem möchte ich euch die Empfehlungen nicht vorenthalten. Da man sich an die Breimacherei sowieso herantasten und sie ausprobieren muss, schadet es auch nicht, die empfohlene Reihenfolge einzuhalten:

Ab dem fünften Monat: Gemüse-Kartoffel-Brei
Ab dem sechsten Monat: Milch-Getreide-Brei
Ab dem siebten Monat: Getreide-Obst-Brei

Rezepte mit genauen Zutatenangaben möchte ich nicht geben, sondern lieber zeigen, was möglich ist. Ich möchte ganz bewusst Raum für Kreativität, Ausprobieren und Improvisieren geben, denn das ist es, was wir lernen müssen. Ansonsten stehen wir wieder auf dem Schlauch, wenn ein bestimmtes Lebensmittel gerade nicht verfügbar ist.

*Gemüsebrei, ab dem fünften Monat*

- Saisonales Gemüse (Karotten, Spinat, Pastinake, Zucchini, Kohlrabi, Knollensellerie, Tomate, Rote Bete, Kürbis und Brokkoli, Fenchel) weich dünsten, aber nicht länger als nötig. Also mit wenig Wasser bei geringer Hitze und mit Deckel schonend garen. Wasser abgießen und aufbewahren.
- Einen Schuss Raps-, Sonnenblumen- oder Olivenöl hinzugeben und pürieren oder passieren. Nach Bedarf für die gewünschte Konsistenz das abgegossene Wasser hinzugeben.
- Dazu passen immer Kartoffeln.

Tipps

- Wenn man sich unsicher ist, welche Gemüsesorten zusammen gekocht werden können, dann hilft es, sich am eigenen Geschmack zu orientieren. Was für uns gut zusammenpasst, tut es auch für das Kind.
- Fenchel braucht länger, bis er weich ist, als andere Gemüsesorten.
- Das übrig gebliebene Wasser kann für andere Kochrezepte weiterverwendet oder als Gemüsebrühe getrunken werden.
- Eine abwechslungsreiche Gemüsegabe kann auch die spätere Akzeptanz für verschiedene Nahrungsmittel erhöhen.

*Gemüsebrei, ab dem sechsten Monat*

- Saisonales Gemüse
- evtl. Kartoffeln
- Getreideflocken – diese am besten ein paar Minuten mitköcheln lassen, damit sie schön quellen. Dinkel, Hafer- oder Hirseflocken sind leckere regionale Flocken. Hirseflocken sind besonders empfehlenswert wegen ihres hohen Eisengehalts.

Tipp

Es wird empfohlen, glutenhaltiges Getreide nicht vor dem sechsten Lebensmonat zu geben, weil sich dadurch das Zöliakierisiko erhöhen soll. Wer mit glutenhaltigem Getreide anfängt, der sollte das Kind gut beobachten. Durchfall, Erbrechen, fehlende Gewichtszunahme, Bauchschmerzen oder Appetitlosigkeit sind Symptome, die auf eine Unverträglichkeit hindeuten. Wenn ihr euch unsicher seid, zieht euren Kinderarzt zurate. Ein paar Mal Bauchschmerzen oder Blähungen können aber bei jeder Ernährungsumstellung vorkommen.

### *Milch-Getreide-Brei*

Milch sollte nicht vor dem ersten Lebensjahr und auch dann nicht im Übermaß zu trinken gegeben werden. Kuhmilch belastet die Nieren aufgrund des hohen Mineralstoffgehalts. Auch Säuglinge können bereits laktoseintolerant sein. Wer mit Kuhmilch anfängt, sollte das Baby gut beobachten. Kommt es vermehrt zu Magen- und Darmbeschwerden, kann das ein Indiz für eine solche Intoleranz sein. Auch ist Kuhmilch ein häufiger Allergieauslöser, ebenso Produkte, die Kuhmilch enthalten.

Die Milch im Getreidebrei kann auch gänzlich durch Wasser oder Getreidemilch ersetzt werden (Sojamilch ist nicht zu empfehlen).

#### *Grießbrei*

100 ml Milch oder selbst gemachte Hafer-, Reis- oder Hirsemilch
2 EL Grieß oder grobes Vollkornmehl

Milch zum Kochen bringen, Herdplatte ausstellen, Grieß einstreuen, mit dem Schneebesen einrühren und ein paar Minuten quellen lassen.

Oder ohne Milch:
100 ml Wasser | 1 TL Mandelmus | 2 EL Grieß

Das Mandelmus im Wasser auflösen und aufkochen. Weiter machen wie oben. Nüsse können ebenfalls Allergien auslösen. Auch hier sollte das Kind anfangs gut beobachtet werden.

Tipp

Es ist nicht erforderlich, spezielle Produkte wie Babygrieß, Kindergrieß, Reisflocken oder Milchbrei zu kaufen. Grieß ist nichts anderes als grobes Mehl. Das könnt ihr euch im Unverpackt- oder im Bioladen frisch mahlen lassen. Es sollte eben nur nicht zu fein gemahlen werden. Geeignet sind Reis, Hirse, Dinkel (besser als Weizen), Hafer, Buchweizen und natürlich auch alle Urkörner, dessen Namen wir kaum noch kennen. Oder eben einfach normalen Grieß kaufen.

*Gemüsebrei, ab dem siebten Monat*
Saisonales Gemüse | evtl. Kartoffeln | evtl. Getreideflocken

Auch Obst kann im Gemüsebrei gut schmecken. Äpfel oder Birnen können einfach mitgekocht werden. Ihre Garzeit ist aber kürzer als die der meisten Gemüsesorten.

*Getreide-Obst-Brei*
100 ml Milch

oder
100 ml Wasser | 1 TL Mandelmus

oder
selbst gemachte Hafer-, Reis- oder Hirsemilch | 2 EL Grieß oder grobes Vollkornmehl | Fruchtmus

Milch zum Kochen bringen, Herdplatte ausstellen, Grieß einstreuen, mit dem Schneebesen einrühren und ein paar Minuten quellen lassen. Fruchtmus einrühren.

*Fruchtmus*
Fruchtmus lässt sich leicht selbst machen. Dazu die gewünschten Früchte mit ein wenig Wasser weich kochen, pürieren oder auch nur grob stampfen, heiß in abgekochte Gläser füllen. Die Gläser direkt zudrehen und auf den Kopf stellen. So könnt ihr zum Beispiel Apfel- und Birnenmus auf Vorrat haltbar machen.

Tipps

- Fruchtmus ist auch eine gute Möglichkeit, um Früchte zu verarbeiten, die nicht so gut dazu geeignet sind, einfach so gegessen zu werden. Solche Früchte muss man auch nicht immer kaufen. Auf *mundraub.org* findet ihr viele frei zugängliche Obstbäume, wenn ihr nicht sogar selbst welche im Garten habt oder Nachbarn kennt, die ihr Obst nicht komplett verwerten können. Das kann auch ein toller Familienausflug für die gemeinsame Elternzeit sein.

- Fruchtsaft zu verwenden kann ich nicht empfehlen. Die ganze Frucht enthält mehr interessante Inhaltsstoffe als ihr Auszug.
- Bananen müssen nicht eingekocht werden. Sie sind immer verfügbar und können nach Bedarf mit der Gabel zerdrückt werden. Regional sind sie leider nicht, dafür aber die perfekte Baby- und Kleinkindnahrung – einfach, schnell, gesund und lecker. Bananen können auch mit Haferflocken zusammen zerquetscht und somit ganz ohne Kochen etwas gestreckt werden.

## Allgemeine Tipps zum Babybrei

Viele Gläschen und auch viele Rezepte für selbst gemachten Brei enthalten Fleisch. Es gibt sehr unterschiedliche Meinungen dazu, ob Babys und Kleinkinder Tierprodukte zu sich nehmen müssen. Wer abstillt und das Kind ohne Tierprodukte ernähren möchte, der sollte sich sehr gut darüber informieren, was das Kind braucht, damit es keine Mangelerscheinungen (etwa durch Vitamin-B12-Mangel) bekommt! Wer nebenbei noch stillt, der muss sich allerdings keine Sorgen um das Kind machen. Es holt sich, was es braucht, von der Mutter. Wenn jemand einen Mangel erleidet, dann ist es die Mutter. Es ist also keine Zugabe von Fleisch- und Milchprodukten notwendig, solange noch Muttermilch gegeben wird.

Kleinen Babys püriert man den Brei sehr fein, mit der Zeit und mit wachsenden Zähnen kann der Brei immer gröber werden, oder die Zutaten auch nur zerstoßen werden.

Brei kann portionsgerecht eingefroren oder eingekocht werden. Wirklich aufwendig ist das frische Zubereiten aber nicht. Vorteile hat das Haltbarmachen insofern als gewisse Lebensmittel nicht immer regional verfügbar sind, wie zum Beispiel Äpfel. Das kann aber auch die große Chance bieten, sich mit den Gemüsesorten auseinanderzusetzen, die es gerade aus der Region gibt. Tatsächlich ist das, wie ich feststellen durfte, zu jeder Jahreszeit mehr als genug.

Für den Einstieg in die Beikost sind blähende Gemüsesorten wie Zwiebeln, Lauchzwiebeln oder Bohnen und Scharfes wie Radieschen nicht zu empfehlen. Wenn man diese Lebensmittel einführt, dann immer erst in kleinen Mengen, damit sich der Magen daran gewöhnen kann. Sonst können unangenehme Bauchschmerzen entstehen. Sinnvoll ist es aber schon, die Kinder an solche

Nahrungsmittel heranzuführen. Gerade Hülsenfrüchte sind sehr gesund und mit der nötigen Gewöhnungszeit auch gut verträglich.

Ob ihr nun Breikost und Beikost macht, ob ihr kauft oder selbst macht, eines solltet ihr wirklich beachten: keinen Zucker hinzufügen. Ich dachte immer, das sei selbstverständlich. Lese ich mir aber die Zutatenlisten von handelsüblichen Breien durch, muss ich feststellen, dass das nicht der Fall ist.

Auch Schokolade und Kakao sollte in Babynahrung nicht auftauchen. Nicht nur ist es ein unnötig importiertes Lebensmittel, das das Kind nicht braucht. Kakao enthält zudem Koffein, welches das Kind unruhig machen und zu Schlafstörungen führen kann.

Während des erstens Lebensjahres solltet ihr auf gar keinen Fall Honig geben, weil dieser Bakterien enthalten kann, die bei Babys und zum Tod führen können.

Auch auf Salz sollte im ersten Lebensjahr verzichtet werden – es belastet die Nieren und entzieht dem Körper Flüssigkeit.

## Wasser

Als ich dieses Produkt das erste Mal sah, wäre ich beinah vom Stuhl gekippt – Baby-Wasser. Ja, es wird jetzt sogar spezielles Babywasser vermarktet, und das wahrscheinlich sogar extra teuer. Tatsächlich ist die Beschäftigung mit Wasser aber gar nicht so unberechtigt.

Generell ist das Leitungswasser in Deutschland überall trinkbar, da es unter strengen Kontrollen gefiltert wird. Interessieren euch die genauen Grenzwerte in eurem Wohnort, so fragt bei eurem Wasserversorger nach. Damit das Wasser aber auch sicher aus dem Hahn kommt, müssen die Leitungen im Haus ebenfalls schadstofffrei sein. Seid ihr euch unsicher, könnt ihr bei den meisten Wasserversorgern günstig eine Wasserprobe untersuchen lassen.

Wenn ihr das Wasser eine Weile aus dem Hahn laufen lasst, bis es eine gleichmäßige Temperatur hat, ist auch abgestandenes Wasser in den Leitungen kein Problem mehr. Wir haben immer nur Leitungswasser getrunken, unser Sohn aber wegen des Stillens erst ab einem Jahr. Für jüngere Babys kann es empfehlenswert sein, das Wasser 2 bis 3 Minuten abzukochen und so sicher alle Bakterien und Keime zu beseitigen, die sich eventuell an Wasserhähnen und in Leitungen befinden können. Wasser zu kaufen ist bei sicheren Leitungen jedenfalls nicht notwendig.

## Breifrei

Da man mit Zero Waste nicht nur Alternativen sucht, sondern manche gesellschaftlichen Normalitäten grundsätzlich auf den Prüfstand stellt, kam ich nicht um die Frage herum, ob es überhaupt natürlich oder nötig ist, jegliche Kindernahrung in die Konsistenz sämigen Breis zu verwandeln. Was hatten die Menschen gemacht, bevor es Pürierstäbe gab? Ich erinnerte mich daran, mit wie viel Widerwillen sich Babys teilweise füttern lassen, an all die beobachteten Kämpfe der Eltern, genau das ins Kind hineinzubekommen, was man für die richtige Ernährung hält. Am besten kann das Kind selbst entscheiden, was es gerade braucht.

Ob man auf Babybrei verzichten kann, hängt tatsächlich davon ab, wann damit angefangen wird, zuzufüttern, und wann man den Anspruch hat, ganze Milchmahlzeiten damit zu ersetzen. Unsere Vorfahren sind ohne Pürierstab ausgekommen, weil sie deutlich länger stillten als wir und sehr wahrscheinlich auch keine Hemmungen hatten, den Kindern das Essen vorzukauen.

*Auch ich habe meinem Sohn zwischendurch das Essen vorgekaut, wenn ich merkte, er konnte es so einfach nicht verarbeiten. Das ist wahrscheinlich keine Praxis, die heute noch besonders großen Anklang finden wird, für mich war das aber kein Problem.*

Babybrei ist sehr beliebt, auch weil er Müttern schon recht früh mehr Unabhängigkeit verschafft und Vätern die Möglichkeit gibt, dieses wichtige Grundbedürfnis ihres Kindes zu erfüllen. Notwendig ist er aber keineswegs. Wartet man einfach ein bisschen länger, kann die ganze Breiphase übersprungen werden.

### Baby-Led Weaning

Das »Baby-Led Weaning«, also das vom Baby selbst gelenkte Abstillen, verfolgt genau diese Philosophie. Es betrachtet die Entwöhnung von der Muttermilch als natürlichen Prozess, in dem es keine Verpflichtung gibt, die Beikost zu einer bestimmten Zeit und nach einem bestimmten Plan, der von den Eltern bestimmt wird, einzuführen. Danach füttert man Babys überhaupt nicht, sondern lässt sie selbstständig entdecken, was sie essen möchten. Sie haben nicht umsonst den Drang, alles in den Mund zu stecken, denn nur so können sie herausfinden, was schmeckt und was essbar ist. Die Eltern warten, bis das Baby Interesse an fester Nahrung zeigt. Sie bieten Nahrungsmittel an, auch speziell solche, die das Kind schon verarbeiten kann, aber stecken ihm nichts in den Mund und zwingen ihm schon gar nichts auf. So kann das Kind nicht nur selbstbestimmt essen und ausprobieren, was und wie viel ihm schmeckt. Es lernt auch von Anfang an die unterschiedliche Beschaffenheit der Nahrungsmittel kennen. Bis es genügend Kalorien aufnehmen kann, dauert es manchmal viele Monate. Essen beginnt als ein Ausprobieren und nicht als ein Ernähren, die Hauptmahlzeit erfolgt weiter über die Muttermilch. Mit zunehmenden Fertigkeiten und wachsendem Interesse kehrt sich das Verhältnis um, bis das Kleinkind sich irgendwann selbst abstillt.

Das passiert in der Regel erst nach dem ersten Geburtstag. Deshalb ist es in unserer Gesellschaft auch nicht ganz leicht, dieses Modell in Gänze umzusetzen. Weder ist die gesellschaftliche Akzeptanz dafür sonderlich groß, dass ältere Kinder noch gestillt werden, noch passt es in unsere Lebensstrukturen. Während man in früheren Zeiten die Kinder immer um sich hatte und so auch jederzeit stillen konnte, werden sie heute in der Regel ab einem Jahr für mehrere Stunden in Kindergärten oder bei Tageseltern betreut. Gemeinschaftsstrukturen, in denen die Kinder einfach mitlaufen, gibt es kaum noch.

Für mich klang das Baby-Led Weaning äußerst attraktiv, gerade weil es so natürlich ist. Allein mit dem Kind in der Wohnung zu sitzen, nur um es immer stillen zu können, ist – weil wir eben auch nicht in einer größeren Gemeinschaft leben – aber genauso widernatürlich wie Babybrei. Deshalb schlugen wir einen gesunden Mittelweg ein, der das Kind nicht vollkommen entmündigte und zudem weniger Arbeit mit sich brachte, mir aber gleichzeitig auch das Abstillen nach einem Jahr ermöglichte.

*Bis zum sechsten Monat wollte unser Levin noch nicht viel von anderer Nahrung außer Muttermilch wissen. Dann begann er langsam immer mehr zu probieren. Mir fehlte jedoch die Geduld, darauf zu warten, dass er sich nur selbst bediente, und ich wollte nicht nach jeder Mahlzeit die Küche putzen, Klamotten wechseln und das Kind duschen. Wenn ich ihn ließ, griff er nur zu gern mit beiden Händen beherzt in den Teller, um dessen Inhalt dann in seinem Gesicht zu verteilen und auf dem Weg dorthin die Hälft fallen zu lassen. So war ich es meistens, die ihm Sachen anbot, darauf wartete, dass er den Mund öffnete oder Hand oder Löffel ergriff und nachhalf. Trotzdem war es mir sehr wichtig, zu respektieren, wenn er etwas nicht essen wollte oder genug hatte, und nicht alles in Brei zu verwandeln.*

*Während ich mir zwischenzeitlich mehr Unabhängigkeit wünschte und über den besten Zeitpunkt fürs Abstillen nachdachte, wurde mir nach den ersten Wochen mit fester Nahrung erneut bewusst, wie ungemein praktisch das Stillen ist. Immer etwas Passendes zu essen mit mir herumzuschleppen, war mir anfangs zu aufwendig. Das Stillen nimmt nicht nur das ab, sondern versorgt das Kind zudem mit Nahrung, ohne dass man danach die Kleidung wechseln oder putzen muss. Wieder einmal war ich dankbar, meine Geduld immer wieder gefunden zu haben und das Stillen ein volles Jahr beizubehalten. Die sechs Monate Übergangszeit von den ersten Erkundungen mit fester Nahrung bis zum Ende des Stillens waren für mich eine entspannte Übergangszeit, in der ich herausfinden konnte, wovon das Kind satt wurde, und in der ich mich daran gewöhnte, auch unterwegs immer etwas Adäquates dabeizuhaben.*

Für Baby-Led Weaning oder so ein Zwischending, wie ich es praktizierte, ist nicht das Alter entscheidend, sondern der Entwicklungsstand des Kindes. Das Baby nimmt immer an den gemeinsamen Mahlzeiten teil und wird nicht separat gefüttert. Anfangs sitzt es auf dem Schoß, und wenn es sitzen kann, dann kann es auf den eigenen Stuhl umziehen. Es bekommt so mit, was wir mit der Nahrung machen, und entwickelt ein Interesse daran. Auch sind gemeinsame Mahlzeiten sehr wichtig für den Zusammenhalt einer Familie. Sie bedeuten viel mehr als Nahrungsaufnahme. Deshalb ist es auch so sinnvoll, sie von Stress und Zwang freizuhalten und Kindern immer ein gesundes und angenehmes Verhältnis zum Essen zu geben.

### Fazit

Um Baby-Led Weaning auch in unserer Gesellschaft gut umsetzen zu können, würde ich immer empfehlen, dem Kind erst einmal nur Angebote zu machen und zu sehen, wie weit es damit kommt. Füttern und gezielt abstillen kann man immer noch, wenn einen die Geduld verlässt. Mindestens ein Jahr sollte man sich dafür Zeit nehmen und weiterhin stillen. Dabei kann es sehr hilfreich sein, wenn man sich Gemeinschaftsstrukturen schafft, also viel Zeit mit anderen Eltern und deren Kindern verbringt. Ich habe sehr gute Erfahrungen mit einer Gruppe aus vier selbstständigen Müttern und deren Kindern gemacht. Zunächst aus der Not heraus geboren, dass wir trotz Kind weiter arbeiten mussten oder wollten, trafen wir uns mehrmals die Woche und wechselten uns mit Betreuung und Arbeitszeit ab. Für mich war diese Kombination wunderbar. Sowohl ich als auch mein Kind konnten soziale Kontakte genießen, ohne ständig nur im Mutter-Kind-Café abzuhängen, und gleichzeitig konnte ich an meinen Projekten weiterarbeiten. Solch eine Gruppe kann den Drang nach frühem Abstillen deutlich reduzieren, weil man vieles, was man vermissen könnte, so eben doch bekommt.

## Was kochen?

Wenn man davon ausgeht, dass die Kinder alles essen dürfen, was sie auf dem Tisch finden, also was auch wir essen, ist dies ein guter Zeitpunkt, auch unsere eigenen Ernährungsgewohnheiten zu hinterfragen. Ein gesunder Organismus erhält viele Ballaststoffe und wenig bis gar keinen Zucker, keine Fertiggerichte und vorzugsweise Vollkorn- statt Weißmehl. Da wir Gewohnheitsmenschen sind, müssen wir uns nicht gleich aufgeben, wenn uns viel Zucker und helles Mehl einfach besser schmecken. Aus eigener Erfahrung weiß ich, wie leicht die Umstellung ist, wenn man sie sanft und schleichend einführt. Dafür könnt ihr immer ein bisschen weniger Zucker in den Kuchen reingeben und das Mehl erst zu einem kleinen Teil durch Vollkornmehl ersetzen, der dann immer größer wird. Ihr profitiert auch schon davon, wenn statt dem üblichen 550er Weißmehl das 1050er Mehl verwendet wird. Hier sind mehr ballaststoffreiche Schalenanteile drin, es kann aber, ohne dass man den Unterschied groß merkt, alles damit ersetzt werden. Irgendwann seid ihr so weit, dass euch das helle Mehl und der viele Zucker gar nicht mehr schmecken – bei mir ist es jedenfalls so gekommen. Selbst der Kuchen kann auf diese Weise deutlich gesündere Züge annehmen. Auch der Konsum von Schokoaufstrichen (oder besser: Zuckeraufstrichen) kann auf diese Weise ausgeschlichen werden, bis man ihn nicht mehr vermisst. Am besten fangt ihr damit schon während der Schwangerschaft an. Erstens ist es auch für das ungeborene Baby gesünder, zweitens fühlt ihr euch fitter und kraftvoller und ihr kommt deutlich seltener in die unangenehme Situation, eurem Baby aus gesundheitlichen Gründen Lebensmittel zu versagen, die ihr selbst esst. Wer sich selbst nun gar nicht zügeln kann, der sollte den Zuckerkonsum tatsächlich besser heimlich betreiben.

Mit ein großer Vorteil am Baby-Led Weaning ist der, dass man in der Regel nicht separat kochen muss, sondern das Kind meist von dem mitessen kann, was man für sich selbst kocht.

- Das Baby kann die Nahrungsmittel gut verwerten, wenn sie so weich sind, dass sie mit zahnlosem Kiefer zerdrückt werden können.
- Besonders solche Dinge bieten sich an, die gut mit den Fingern gegessen werden können.
- Gerade am Anfang verschlucken sich die Kinder immer mal wieder, egal ob sie sechs oder achtzehn Monate alt sind. Deshalb ist es ratsam, Experimente immer zu begleiten und je nachdem die Probierstückchen sehr klein zu halten. Es ist aber individuell vom Verhalten des Kindes abhängig, was gut funktioniert und was nicht. Äpfel und Brot haben wir unserem Sohn in großen Stücken gegeben, damit er so richtig schön darauf herumlutschen

konnte. Dann ist ein Verschlucken auch unwahrscheinlich. Mehr als das passiert in der Regel ohnehin nicht. Und wenn doch, wissen Eltern, was zu tun ist: Das Kind umdrehen und das stecken gebliebene Stückchen rausklopfen.

- Babys mögen Struktur. Deshalb ist es sinnvoll, sie auch auf dem Teller einzuführen. Was auch immer gekocht wird, kann nach Sorten getrennt auf dem Teller verteilt werden. Hier ein Brokkoliröschen, dort eine Kartoffel und da ein Stück Pfirsich. So kann das Baby sich besonders intensiv mit Farbe, Form, Konsistenz und Haptik auseinandersetzen und beim Herumprobieren alle Sinne nutzen.

### Gekochtes oder gedämpftes Gemüse

Wurzelgemüse wie Karotte, Pastinake, Sellerie, Steckrübe, Rote Bete und Schwarzwurzel ist ideal. In Kombination mit Kartoffeln ist das Essen ausgewogen, schmeckt und hält lange satt. Alle diese Gemüsesorten sind den ganzen Winter über regional verfügbar und ermöglichen auch mit Kind eine weitgehend regionale Ernährung.

Im Sommer ist das Angebot natürlich deutlich reichhaltiger. Blumenkohl, Brokkoli und Kohlrabi bereichern den Teller. Schnell weich dünsten lassen sich auch Paprika, Zucchini und Aubergine. Ich gebe gern einen Schuss Oliven-, Raps- oder Sonnenblumenöl über das Gemüse, weil es schmeckt, gesund ist und manche Vitamine Fett brauchen, um verwertet werden zu können.

Weich gekocht, können diese Gemüsearten gut als Fingerfood gegessen werden. Wer etwas nachhelfen will, der kann sie mit der Gabel oder einem Kartoffelstampfer aber auch noch zusätzlich zerkleinern, ohne sie gleich zu Brei zu verarbeiten.

### Brot

ist von Anfang an ein guter Begleiter. Auch wenn Babys es anfangs noch nicht wirklich kauen können, speicheln sie es so lange ein, bis es irgendwann verschwunden ist. Das ist zudem ein herrlicher Zeitvertreib, wenn Mama und Papa mal gerade keine Lust haben, den Alleinunterhalter zu spielen.

### Nudeln

lieben alle Kinder von Anfang an, und sie sind sehr praktisch. Sie sind schnell gekocht, immer vorrätig und auch für unterwegs hervorragend. Es besteht

kein Grund, Spaghetti Bolognese zu pürieren. Die Kinder können Nudeln sehr früh schon am Stück essen, und das sogar selbstständig. Allerdings sind hier andere Nudeln den Spaghetti vorzuziehen, da sie mit weniger Sauerei und auch hervorragend mit den Fingern gegessen werden können.

### Obst

Vor allem ist Obst beliebt, weil es süß, aber trotzdem gesund ist. So brauchen die Eltern kein schlechtes Gewissen zu haben, wenn sich das Kind eine ganze Melone auf einmal reinschiebt. Melone, Trauben, Tomaten, weiche Birnen, Nektarinen, Pfirsiche und Kiwis und natürlich jegliches Beerenobst sind ideal. Der allerbeste und einfachste Kindersattmacher ist aber die Banane. Während ich sie selbst nur noch selten esse, weil sie so viele Kilometer auf dem Buckel hat, mache ich für Levin immer wieder Ausnahmen, ist sie doch praktisch, gesund und lecker. Gerade für den schnellen Snack zwischendurch ist sie geeignet, sollte man doch einmal unvorbereitet sein – und das passiert auch der bestorganisierten Zero-Waste-Mama.

Äpfel wirklich essen zu können, dauert leider eine Weile. Die knackige Konsistenz, die sie so lecker macht, macht es zugleich schwer, sie mit ein paar frischen Minizähnen zu zerkauen. Da wir aber in unseren Breitengraden nicht wirklich viel regionales Obst zur Auswahl haben, wäre es schade, gänzlich auf sie zu verzichten. Klein geschnittene Apfelstückchen können im Topf mit wenig Wasser schnell weich gedünstet werden. Was ebenfalls gut funktioniert, ist, den Apfel zu raspeln und unter das Müsli oder den Grießbrei zu geben.

## Rohkostsalat

In geraspelter Form kann man auch Rohkostsalat für das Kind zubereiten. Zum Beispiel mit Karotten, Rote Bete und Apfel. Das ist für die fortgeschrittenen Babys eine sehr gesunde Mahlzeit. Unser Sohn liebt es und hat zeitweise am Tisch nur das gegessen.

Man kann ihn den Kindern pur oder mit einem ganz normalen Dressing servieren, sollte dabei allerdings bedenken: im ersten Lebensjahr auf jeden Fall auf Honig verzichten!

## Kaiserschmarrn

***Zutaten***

4 Eier | 120 g Mehl | 250 ml Hafermilch | Rosinen

Eier trennen. Eigelb mit Mehl, Rosinen und Hafermilch gut verrühren. Eiweiß steif schlagen und unter den Teig heben. Bei mäßiger Hitze die geölte Pfanne etwa 1,5 cm dick mit Teig füllen. Wenn er langsam fest wird, einmal wenden. Wenn er dabei zerbricht, ist das kein Problem. Ist auch die andere Seite angebraten, mit dem Pfannenwender in kleine Teile zerstechen und diese noch einmal unter Rühren anbraten. Super als Fingerfood für unterwegs oder mit Apfelmus zu Hause.

## (Gemüse-)Omelett

Gut geeignet, um Reste zu verwerten. Gemüse oder auch Kartoffeln anbraten, bis es weich ist. Verrührtes Ei drüber und in Öl zu einem Omelett braten. Das Omelett wird fluffiger, wenn man es, bevor es komplett durch ist, einmal umdreht.

## Grießbrei & Smoothies

Den Gedanken, das Kind nicht zu füttern, finde ich bis heute sehr sinnig. Für mich bedeutet das aber nicht, gänzlich auf Brei zu verzichten, ich esse ihn schließlich selbst ganz gern. Jegliche Nahrung in die gleiche Konsistenz zu versetzen, widerstrebt mir, gegen ein bisschen Brei habe ich aber nichts einzuwenden. Das können Grießbrei (Rezept siehe Babybrei), Smoothies oder sämige Kürbissuppe sein.

### Verarbeitetes

Wenn ich mir Blogs und Erfahrungsberichte zum Thema durchlese, merke ich, dass es immer beliebter wird, handelsübliche verarbeitete Produkte als Fingerfood zu nehmen. Das macht es zwar sehr leicht für die Eltern, bedeutet aber, jede Menge Müll, höhere Kosten und gesundheitlich bedenkliche Inhaltsstoffe oder Verarbeitungsmethoden in Kauf zu nehmen.

### Wie organisieren?

Damit nicht immer separat gekocht werden muss, kann man das Essen so planen, dass die Möglichkeiten der Babys integriert werden. Am besten kocht man das Essen dafür erst einmal ohne Salz, weil die kleinen Nieren noch nicht so viel davon vertragen wie ausgewachsene. Dann kann man eine Portion beiseitelegen und den Rest dann erst würzen. Mag man sein Gemüse knackiger, als das Kind es essen kann, dann kann dessen Portion in einem anderen Topf weiter gekocht werden.

Eine Portion für ein Baby zu kochen ist aber auch nicht sonderlich aufwendig. Zwei Kartoffeln und etwas Gemüse kleinschnibbeln und kochen, ein Spritzer Olivenöl drüber und fertig. Das lässt sich auch gut neben den Frühstücksvorbereitungen erledigen und anschließend als Proviant einpacken.

## Geschirr

Ganz beliebt ist es, Kindern allerhand spezielles Geschirr aus unkaputtbaren Materialien zu besorgen. Es gibt spezielle Teller und Schüsseln mit rutschfester Unterlage.

Es gibt tatsächlich Kinder, bei denen das eine oder andere eine gute Idee ist. Es gibt aber auch viele Kinder, bei denen das nicht nötig ist, weil sie umsichtig mit Geschirr umgehen. Ich empfehle, es immer erst einmal ohne solch spezielles Equipment auszuprobieren und zu versuchen, dem Kind von Anfang an einen achtsamen Umgang mit Geschirr zu vermitteln. Kinder verstehen viel mehr, als wir manchmal glauben, und so können sie auch verstehen, dass man Teller nicht auf den Tisch hauen sollte. Es ist oft nur die Frage, was wir ihnen zutrauen. Bei uns hat es bisher wunderbar mit unserem normalen Geschirr funktioniert. Wir lassen unseren Sohn grundsätzlich auch mit Glasbehältern spielen, solange wir sehen, dass er damit vorsichtig umgeht. Da wir aufgrund unseres Lebensstils sehr viele Glasbehälter zu Hause haben, hat er einfach ein starkes Interesse daran und möchte alles anfassen und ausprobieren. Solange es gut funktioniert, ermöglichen wir ihm das auch. Immer ist das aber nicht der Fall, vor allem seit der kleine Kerl in das Alter gekommen ist, in dem er gern auch mal austestet, wie weit er gehen kann. Spätestens dann verschwinden kaputtbare Dinge ganz schnell hinter für ihn unerreichbaren Türen.

Zugegeben gibt es aber auch solche Temperamente, bei denen das nicht funktioniert. Dann macht es wenig Sinn, sich das Porzellangeschirr zerschlagen zu lassen, und es lohnt sich in diesem Fall sogar unter ökologischen Gesichtspunkten, sich unkaputtbares Geschirr zuzulegen. Auf die klassischen Plastikteller würde ich jedoch nicht setzen, weil sie schnell usselig aussehen und man nicht weiß, welche Stoffe sie an die Lebensmittel abgeben. Als Alternative ist Geschirr aus Bambus, Emaille, Holz oder Edelstahl zu empfehlen. Bambusgeschirr ist jedoch nicht gleich Bambusgeschirr. Die billigen sind mittlerweile sehr in Verruf geraten, weil sie neben Melanin noch allerhand ungewisse Stoffe enthalten können und oft nur einen geringen Bambusanteil aufweisen. Hier auf Qualität (etwa *Zuperzozial*) zu setzen, ist gerade für den Gebrauch bei Kindern ein guter Zug. Außerdem sollten Speisen und Getränke nicht zu heiß in Bambusgeschirr gefüllt werden, weil sich sonst auch dort ungewünschte Stoffe herauslösen können. Da die Nahrungsmittel für Kinder wohltemperiert sind, besteht hier eher kein Grund zur Sorge.

Anstatt sich Geschirr speziell für Kinder anzuschaffen, kann man auch das Campinggeschirr, das man vielleicht ohnehin schon hat, aus dem Schrank holen oder sich in diesem Zuge erst einmal eines besorgen – denn dieses wird man auch später wieder benutzen, den Teller mit Bärchen eher nicht. Auch verschiedene Unterteilungen auf dem Teller sind nicht wirklich notwendig und verringern die Flexibilität. Zutaten einzeln auf dem Teller drapieren kann man auch ohne.

### Breitransport

Selbst gemachter Babybrei wird gern in Frischhaltedosen aus Kunststoff transportiert. Wer solche Dosen sowieso zu Hause hat, der erspart sich einen Neukauf. Wer geeignete Behältnisse erst noch besorgen muss, der sollte solche aus Edelstahl vorziehen, weil dieses Material lebensmittelecht ist. Es gibt keine

Stoffe an den Inhalt ab, ist dauerhaft haltbar und wird nicht spröde oder rissig. Um Brei zu transportieren, reicht aber jedes normale Schraubglas aus, das man sowieso zu Hause hat. Glas hat die gleichen Eigenschaften. Habt ihr Sorge, dass es kaputtgehen könnte, steckt es in eine alte Socke. In jedem Haushalt fallen irgendwann mal einzelne Socken an.

### Lätzchen

Statt eines klassischen Schlabberlätzchens ist auch ein um den Hals gebundenes Geschirrtuch oder eine Mullwindel sinnvoll. Man muss nicht extra etwas anschaffen, sie sind länger und schützen auch noch die Beine, und beides kann sogar unter den Teller gesteckt werden, um möglichst viel des Essens, das nicht im Mund ankommt, aufzusammeln. Auf die Idee bin ich leider zu spät gekommen. Unser Sohn macht dabei leider aber sowieso nicht mit, weil er den Tisch lieber als Spielfeld statt zur Nahrungsaufnahme nutzt.

### Besteck

Was man ebenfalls vermeiden sollte, ist Kunststoffbesteck. Plastiklöffel sind gerade bei Babys sehr beliebt, genauer gesagt bei den Eltern. Warum das so ist, konnte ich nicht abschließend ergründen. Vielleicht steht der Gedanke dahinter, die Kinder durch die bunten Farben zum Essen zu animieren. Tatsächlich sollten Kinder aber essen, weil sie Hunger haben, und nicht, weil der Löffel bunt ist. Und wenn sie Hunger haben, essen sie auch ohne buntes Besteck. Zudem gehen Kunststofflöffel deutlich schneller kaputt als Edelstahllöffel, sind also für den Mülleimer gemacht. Der wichtigste Grund, sie nicht zu nutzen, ist aber, dass Babys und Kinder darauf herumkauen und damit Kunststoffteile oral aufnehmen. Letztendlich gibt es also keine guten Argumente für eine Kunststoffausführung.

Babylöffel sind schmaler als die normalen Teelöffel. Ob das wirklich wichtig ist, kann ich nicht beurteilen, wir haben sie nie gebraucht, aber ich habe auch nicht besonders früh mit dem Löffel zugefüttert. Probiert es einfach mit den Löffeln aus, die ihr zu Hause habt. Sollten sie sich als ungeeignet erweisen, besorgt euch einen Babylöffel aus Edelstahl oder Holz. Einer reicht übrigens aus, und dann weiß man in der Regel auch immer, wo er ist. Wer Baby Lead Weaning praktiziert, der wird einen speziellen Löffel eher nicht brauchen.

### Reiniger

Die Babyindustrie lässt sich immer spannendere Produkte einfallen. So gibt es spezielle Reinigungsmittel für Kindergeschirr. Sie enthalten keine Farbstoffe und keine Parfüms und sind rückstandsfrei abzuspülen. Tatsächlich würden alle diese Kriterien idealerweise auf alle Reinigungsmittel zutreffen, denn Parfüms, Duftstoffe und Farbstoffe können die Haut reizen und Allergien auslösen. Duftstoffe können Wasserorganismen schädigen, die nach der Kläranlage damit in Kontakt kommen. Und Rückstände von Reinigungsmitteln auf Geschirr sind gänzlich inakzeptabel, weil sowohl Kinder als auch Erwachsene sie nicht essen sollten. Eine wirklich rückstandsfreie Reinigung hängt meist gar nicht vom Reinigungsmittel ab, sondern von der Oberfläche. Glas und Edelstahl lassen sich am leichtesten reinigen.

Reinigungsmittel kann man erfreulicherweise leicht selbst herstellen aus Reinigungsbausteinen wie Kernseife, Zitronensäure, Waschsoda, Natron, Essig und Alkohol – günstig, verpackungsarm, umweltfreundlich.

*Milchgeschirr reinigen*

1–2 TL Waschsoda in die Flasche geben, diese mit heißem Wasser auffüllen, ein paar Stunden einwirken lassen. Dann mit einer Bürste die Ränder leicht reinigen und das Geschirr kräftig ausspülen.

## Süßigkeiten

Wenn man davon ausgeht, dass Kinder noch viel mehr auf ihre natürlichen Bedürfnisse hören, als wir Erwachsenen das tun, traut man ihnen auch zu, sich selbst die Nahrung rauszusuchen, die ihr Körper gerade braucht. So kommt es vor, dass sich Kinder eine Tomate nach der anderen reinziehen oder beim Abendessen alles stehen lassen bis auf den Rote-Bete-Salat. Ich glaube ebenfalls an diese These – mit einigen wenigen Einschränkungen. Zucker zum Beispiel ist ein Suchtstoff, bei dem das nicht funktioniert, denn hier hat der Körper es sehr schwer zu beurteilen, ob er genug davon hat oder nicht. Man isst einfach weiter, und je mehr Zucker man konsumiert, desto mehr Zucker glaubt man zu brauchen – das gilt für Kinder genauso wie für Erwachsene. Kinder kommen also nicht mit einem Heißhunger auf Süßigkeiten auf die Welt. Je früher sie aber mit Zucker in Kontakt kommen, desto früher lernen sie ihn lieben und können ganz schön ungemütlich werden, wenn sie ihn nicht bekommen. Deshalb irritiert es mich sehr, dass meinem Sohn, seit er zwei Zähne im Mund hat, überall Süßigkeiten angeboten werden, obwohl er nie danach gefragt hat.

Würden wir alle keine Süßigkeiten essen, hätten wir das Problem nicht, und keiner würde sie vermissen. Das können wir zumindest temporär mit unseren Kindern imitieren und ihnen einfach keine Süßigkeiten geben. Irgendwann kommt man damit nicht mehr durch und tut sich auch keinen Gefallen mehr damit. Bis es so weit ist, vergehen aber gute zwei bis drei Jahre gesunden Essens. Auch wenn das Kind zwangsläufig irgendwann mit Zucker in Kontakt kommt, profitieren sein Geschmackssinn und seine Darmflora doch langfristig von viel gesundem und wenig ungesundem Essen.

Deshalb ist es eigentlich kein Problem, wenn wir an die ganzen handelsüblichen Süßigkeiten nicht mehr rankommen, weil sie so furchtbar verpackt sind. Es ist schlichtweg besser für uns und erst recht für die Kinder. Wenn wir es schaffen, den Süßigkeitenkonsum herunterzuschrauben, dann wird das bei den Kindern in den ersten Jahren kein Thema sein. Steht aber der süße Kuchen auf dem Tisch und hauen wir fleißig rein, können wir das unserem Kind natürlich nicht verweigern. Aus diesem Grund habe ich selbst in der Beikostphase auch kaum Süßes gegessen und mich eigentlich recht wohl damit gefühlt.

Ich würde mir wünschen, dass viel mehr Eltern so handeln, dann gäbe es einen ganzen Haufen Müllprobleme nicht mehr und keine Situationen, in denen mein Kind von anderen Müttern durchgefüttert wird. Genauso wenig wie ich ein Zuckermonster möchte, möchte ich ihm nämlich hinterherlaufen und Sachen verbieten, die andere essen. Wenn mein Sohn aber nicht mitbekommt, was er alles für Versuchungen angeboten bekommt, ist es ein Leichtes, sie abzulehnen.

### Eiscreme

Eiscreme lernen Kinder schon früh kennen und lieben. Das liegt hauptsächlich daran, dass wir sie so gern essen. Ich persönlich habe in dieser Zeit meinen Gang zur Eisdiele deutlich reduziert, weil ich Levin eben in so jungen Jahren noch nicht so viele Süßigkeiten geben möchte. Wenn ich es selbst esse, kann ich es ihm wohl kaum versagen. Unserem Sohn ist Eis zudem erfreulicherweise bisher einfach zu kalt.

Die meisten Kinder, die in diesen jungen Jahren Eis essen, bekommen einen Becher in die Hand gedrückt, wahrscheinlich weil das deutlich weniger Sauerei bedeutet. Der Becher an sich ist aber ebenfalls eine Sauerei. Mit seiner Mischung aus Pappe und Kunststoff und dem Plastiklöffel obendrauf ist er ein Fall für den Restmüll und bedeutet somit eine vermeidbare Ressourcenverschwendung. Wenn ihr euren Kindern die Waffel wirklich noch nicht zutraut, dann bringt euch einen eigenen Becher und einen Löffel mit, darin schmeckt das Eis sowieso viel besser.

## Proviant

Kinder sind kleine Fressmaschinen, die kontinuierlich Energie nachschieben müssen. Deshalb ist es ein fataler Anfängerfehler, ohne etwas zu essen aus dem Haus zu gehen. Definitiv ein wesentlicher Vorteil des Stillens ist, dass man sich darum keine Gedanken machen muss, weil der Proviant immer dabei ist.

Was da auf dem Spielplatz so alles ausgepackt wird, erklärt, warum es Eltern so schwerfällt, sich einen Zero-Waste-Haushalt vorzustellen. So fragen sie mich, wie sie das denn machen sollen: Zeit, ihre Brezeln und Reiswaffeln selbst zu backen, hätten sie nicht. Auch ich habe keine Zeit, solche Sachen selbst zu backen. Bei uns gibt es sie schlichtweg nicht! Bleibt die Frage, was können Kinder Unkompliziertes unterwegs essen außer Brezeln, Reiswaffeln, Hirsekringeln oder Keksen? All das sind hochverarbeitete, verpackte und auch teure Produkte (Reiswaffeln sind sogar in die Kritik geraten, weil sie in hohem Maße mit Arsen belastet sein sollen).

Kein Wunder, dass die meisten Kinder so viel kosten. Und das, obwohl Kinder so unglaublich anspruchslos sind. Sie essen nicht einfach aus Lust und Laune, sondern weil der Magen knurrt, wenn sie 15 Runden um den Spielplatz gelaufen sind, und Hunger ist immer noch der beste Koch. Wenn die Kinder nichts essen, dann muss man sie nicht mit verarbeiteten Lebensmitteln ködern – dann haben sie eben einfach keinen Hunger. Kinder sind nicht wie Katzen, die aus Trotz einfach verhungern, wenn das Premiumfutter nicht mehr da ist.

Den geringen Mehraufwand des selbst gemachten Proviants gut in den Alltag zu integrieren ist der Schlüssel zum Erfolg. Wer kurz vor dem Start aus Zeitnot doch wieder zur Packung greift, der kann zum Beispiel schon am Frühstückstisch den Behälter für unterwegs vorbereiten. Raus geht es ja in der Regel sowieso irgendwann. Unser Sohn isst zudem oft im Schneckentempo oder fängt erst an, wenn wir schon fertig sind. Dabei kann man dann auch gut noch ein Töpfchen Nudeln aufsetzen.

Um die Kreativität des unkomplizierten, günstigen und unverpackten Proviants zu beflügeln anzufeuern kommen nun meine Favoriten:

## Brötchen

Ich habe immer mehr Brot und Brötchen im Haus, als beim Frühstück gegessen wird. So kann ich für unterwegs immer schnell etwas in einen Stoffbeutel stecken und mitnehmen. Wer mehr Geschmack möchte, der streicht etwas Butter, Nussmus oder Streichcreme drauf. Für die kleineren Kinder und als praktisches Fingerfood schneide ich das Brot in mundgerechte Happen und packe alles in eine Dose. Das kann direkt am Frühstückstisch passieren, wo man sowieso ein Brot schmiert – einfach etwas mehr machen und direkt einpacken, denn bis der kleine Hunger kommt, ist es nur eine Frage der Zeit. Wo auch immer es hingeht, man ist vorbereitet.

Überschüssiges Brot und Brötchen friere ich in einem Stoffbeutel ein. So kann ich es bedarfsgerecht herausnehmen. Wenn man Brötchen vor dem Einfrieren in der Hälfte durchschneidet und Brot direkt in Scheiben schneidet, taut es schneller und vor allem portionsgerecht auf.

Gerade Brötchen, Stuten, Laugenbrötchen oder ähnliches Gebäck können gut auf Vorrat eingefroren werden. Hier muss man gar nicht über Belag nachdenken, weil sie auch so gut schmecken. Eine lange Vorbereitungszeit ist ebenfalls nicht nötig, weil sie in kürzester Zeit auftauen. Im Zweifelsfall kann mit der Mikrowelle oder dem Toaster (im Winter auch mit der Heizung) nachgeholfen werden.

Wenn die Kinder wirklich hungrig sind, dann kauen sie auch genüsslich auf einem alten Brotkanten herum – auch hier zeigt sich, dass sie eigentlich sehr anspruchslos sind.

Wenn ihr Brot und Brötchen einkaufen geht, nehmt immer einen Stoffbeutel mit, dann könnt ihr euch die Leckereien direkt hineingeben lassen.

## Müsli/Grießbrei

Morgens bekommt unser Sohn oft Müsli oder Grießbrei. Während wir den Brei mit Milch zubereiten, reicht es beim Müsli sogar aus, die Haferflocken mit heißem Wasser zu übergießen und einen Moment quellen zu lassen. Da man nie genau weiß, was ein Zweijähriger zum Frühstück verputzen wird, bleibt oft etwas übrig. Die Reste packe ich in eine Frischhaltedose und nehme sie mit, wenn ich nachmittags mit meinem Sohn rausgehe. Oft ist sein Appetit auf den Müslirest jetzt noch größer als am Frühstückstisch.

### Trockenfrüchte

Wer einen Unverpackt-Laden in der Nähe hat, der kann dort auch Trockenfrüchte und Nüsse ganz ohne Verpackungsmüll bekommen. Sie sind immer eine haltbare und sättigende Zwischenmahlzeit. In normalen Läden findet man sie leider nur in kleinen Plastikverpackungen. Dafür sind sie schon aus gesundheitlicher Sicht Keksen, Reiswaffeln und Co. vorzuziehen.

### Obst & Gemüse

Klein geschnittenes Obst und Gemüse ist auch immer ein guter und gesunder Snack für zwischendurch. Wer zu Hause zum Schnibbeln keine Zeit hat, der findet davon auf dem Spielplatz umso mehr. Also einfach gleich Messer, Stoffserviette und Dose einpacken und vor Ort gemütlich schneiden.

### Nudeln

Der Klassiker für Kinder sind und bleiben Nudeln. Diese könnten sie wahrscheinlich täglich verdrücken und würden sich trotzdem noch mehr darüber freuen als über das Meiste, was weitaus mehr Arbeit macht. Wenn ich ein paar Minuten Zeit habe, bevor es losgeht, setze ich gern immer wieder einen kleinen Topf Nudeln auf. In das Kochwasser gebe ich bereits Salz oder Gemüsebrühe (noch mal zur Erinnerung – anfangs sollte man sparsam mit Salz umgehen oder es gar ganz weglassen, auch wenn es uns nicht schmeckt, weil wir so daran gewöhnt sind; die Kleinen haben jedoch ein viel intensiveres Geschmacksempfinden als wir) und Rote Linsen hinein. Allein damit schmecken die Nudeln schon saftig und lecker. Je nachdem, was der Kühlschrank und die Zeit hergeben, kommen noch ein paar angebratene Zwiebeln oder selbst gemachtes Pesto (das bereite ich meist auf Vorrat zu) hinzu oder einfach ein Schuss Olivenöl.

Beim Proviant halte ich es, wie ich es immer halte – so einfach wie möglich. Die Effizienz und die Einfachheit von Minimalismus und Zero Waste erleichtern einem an so vielen Stellen das Leben, gerade auch mit Kindern.

## Resteessen

Ich bin nicht sehr gut darin, kleine Mengen zu kochen. Bei mir wird der Topf immer recht voll. Es bleibt also in der Regel etwas für den nächsten Tag übrig. Das finde ich meistens aber sehr praktisch, denn so habe ich mein Mittagessen schon parat. Auch mein Sohn isst gern mit, wenn noch etwas Leckeres vom Vortag da ist.

Gerade für jüngere Kinder, die noch nicht so gut mit festem Essen zurechtkommen, bietet es sich an, ein paar Kartoffeln und etwas Gemüse vom Vortag übrig zu lassen. Etwas gestampft, mit einem Schuss Olivenöl und in einem Schraubglas oder einer dicht schließenden Dose verpackt, ersetzt es handelsübliche Gläschen.

## Pfannkuchen

Pfannkuchen gibt es bei uns hin und wieder zum Frühstück, weil es für unsere älteren Kinder eine leckere Alternative zum handelsüblichen Brotaufstrich ist. Deshalb weiß ich auch, wie schnell sie gemacht sind.

***Zutaten für 1 kleine Portion***

100 g Mehl (Dinkel 1050) | ca. 120 ml (Sprudel-)Wasser | evtl. Apfel oder Apfelmus

***Zubereitung***

Mehl und Wasser verrühren. In die heiße Pfanne geben und backen. Sehr saftig werden die Pfannkuchen auch, wenn direkt geriebener Apfel oder Apfelmus in den Teig gegeben wird (bei Apfelmus eventuell weniger Wasser hinzugeben).

## Arme Ritter

Perfekt, um altbackenes Brot zu verwerten. Brot oder Brötchenscheiben in etwas Wasser kurz einweichen, Ei darüber geben. In Öl anbraten.

## Zwieback

Doppelt gebackenes Brot ist sehr praktisch, weil es so trocken ist, dass es nicht schlecht wird. Historisch gesehen ist Zwieback die Rettung für altes Brot, die wir auch heute noch nutzen können. Helles Brot (am besten süßes Hefebrot oder

Hefezopf) in Scheiben schneiden, nebeneinander auf Backbleche oder Roste legen und bei 150° C erneut backen, bis die Scheiben hart und goldfarben sind.

In der Regel kommt Zwieback fertig gekauft aus der Packung, man kann ihn aber ganz gut selbst machen. Gerade bei Zwieback aus konventionellem Anbau ist der hohe Zuckergehalt auch ein Grund lieber selbst zu backen.

***Zutaten***

500 g Mehl (Dinkel 1050) | 7 g (ca. 1 EL) Trockenhefe | 25 ml Milch oder Mandelmilch | 50 g Butter oder Kokosöl | 2 gestr. EL Honig oder Zucker

***Zubereitung***

Die Milch in einem Topf handwarm erhitzen. Zucker oder Honig und Hefe hineingeben und gut rühren, bis sich alles aufgelöst hat. Dann das Fett hinzugeben und schmelzen lassen. Das Mehl unterkneten und den Teig mit einem feuchten, sauberen Geschirrtuch abdecken. An einem warmen Ort eine Stunde gehen lassen.

Den Teig in zwei Stücke teilen. Entweder kleine Laibe daraus formen und sie auf ein bemehltes Backblech geben oder zwei Kastenformen mit Öl einpinseln und den Teig hineingeben. Nochmals 30 Minuten gehen lassen. Den Backofen auf 180° C anheizen, das Brot 45 Minuten backen. Das Brot schmeckt herrlich, wenn es aus dem Ofen kommt. Alles, was nicht aufgegessen wird, kann nach zwei Tagen in Scheiben geschnitten und nebeneinander auf einem Backblech oder Rost ca. 45 Minuten bei 150° C erneut gebacken werden – fertig ist der Zwieback.

### Fingerfood

Außerdem könnt ihr euch von den im Kapitel »Breifrei« beschriebenen Ideen für Fingerfood inspirieren lassen.

## Aufessen

Lebensmittelverschwendung ist ein großes Thema von Zero Waste. Nicht nur, dass hier Müll entsteht, der nicht sein muss. Um Lebensmittel herzustellen, sind eine Menge Energie und Transportaufwand erforderlich, was unser Klima belastet. Es werden Flächen benötigt, die bei der steigenden Weltbevölkerung zunehmend knapp werden. Es werden Pestizide, Fungizide und Düngemittel eingesetzt, die unsere Böden dauerhaft auslaugen und das Grundwasser verunreinigen (zumindest im konventionellen Anbau). Tiere leiden große Qualen in unseren Mastanlagen. Und zugleich gibt es weiterhin viele Menschen auf der Erde, die verhungern. Seit mir all das so bewusst ist, ist meine Wertschätzung für Lebensmittel deutlich gestiegen. Auch wenn wir alles immer im Überfluss zu haben scheinen, kann ich nichts davon verschwenden. Deshalb würde ich auch nie den halb vermanschten Tellerinhalt meines Sohnes im Mülleimer entsorgen. Doch genau das tun sehr viele Eltern. Wir nicht. Wir heben die Reste auf oder essen sie auf – eklig fand ich das noch nie. Ich schätze, das ist Einstellungssache.

Wer diese Einstellung nicht teilt, dem sei empfohlen, den Kinderteller nicht voll zu machen und stattdessen bei Bedarf nachzugeben. Das kann auch dabei helfen, alles etwas ordentlicher zu halten und weniger Lebensmittel in der Küche zu verteilen.

# Spielzeug

Endlich betreten wir das endlose Feld des Spielzeugs. Wer sich einmal in die Gefahr begibt, die Spielzeugabteilung von Kaufhäusern zu durchstreifen, der ist der absoluten Versuchung ausgesetzt. Alles ist so toll, so niedlich, so schön. Es ist wirklich eine große Herausforderung, sich davon nicht mitreißen zu lassen. Selbst als ich für die Recherche dieses Buchs zum ersten Mal nach Spielzeug suchte und dabei einen Onlineversand für nachhaltiges Spielzeug unter die Lupe nahm, war ich versucht, alles zu kaufen. Bevor ihr also zugreift, lest euch dieses Kapitel durch, und entscheidet dann.

## Was ist Spielzeug?

Spielen ist für Kinder nicht wie für uns ein geplanter Zeitvertreib. Für sie ist es ein stetiges Lernen, Erforschen, Wahrnehmen und Ausprobieren. Alles, was sie tun, tun sie im Spiel und mit vollster Leidenschaft. Dafür sind gerade Babys und Kleinkindern alle Gegenstände recht, die sie in ihre Händchen bekommen. Der Drang danach, extra Spielzeug anzuschaffen, vor allem solches, das bunt und süß ist, entsteht vor allem in uns Eltern und rührt natürlich vom Umfeld her, in dem sich junge Familien rasch wiederfinden. Den Kindern ist es hingegen nicht wichtig, ob sie mit einem Kochlöffel, einem mit chinesischem Wasser gefüllten Beißring oder hochwertigem Montessorimaterial spielen. Das, was sie damit machen wollen, können sie mit jeglichen Gegenständen erreichen: Erfahrungen sammeln, lernen, ausprobieren.

## Das erste Spiel

Beobachten, anfassen, in voller Gänze mit den Fingern erkunden, in den Mund nehmen, drehen – das sind die ersten Spiele, die Kinder ausüben. Dazu braucht es meist nicht mehr als das ohnehin gegebene Umfeld.

### Mobile

Gerade in den ersten Monaten sind die Kinder sehr mit Beobachten beschäftigt. Deshalb sind Mobiles zu Recht beliebt. Sie drehen sich, verändern ständig ihre Perspektive und ziehen Babys damit in ihren Bann. Mobiles muss man beim besten Willen nicht kaufen, weil sie so leicht selbst zu machen sind.

- Origamifaltungen, etwa Kraniche aus gebrauchtem Papier
- Tiere (z. B. Schmetterlinge) oder freie Formen aus Restpappe oder bemaltem Karton
- genähte Figuren, Tiere oder ein Sternenhimmel
- aus bunter Pappe gefaltete geometrische Formen
- getrocknete farbige Blätter
- Strandgut wie geschliffenes Glas, Muscheln, Seesterne, Holz und Federn
- Waldgut wie Tannenzapfen, Blätter, Eicheln, Bucheckern, Federn und Stöcke
- Krimskramsmobile aus allem, was man in der Krimskramsschublade so findet: herrenlose Schlüssel, Löffel, einzelne Puzzleteile oder auch einzelne Spielzeuge, die man sowieso erst später braucht

Befestigen kann man all dies mit Garn. Auch bei der Aufhängung kann man seiner Kreativität freien Lauf lassen: ein Stock, zwei kreuzweise zusammengebundene Stöcke, ein Kleiderbügel, der Ring eines Traumfängers (den man auch selbst machen kann) oder ein alter Lampenschirm. So ein selbst gemachtes Mobile ist übrigens auch ein wirklich schönes Geschenk zur Geburt.

### Aktion und Reaktion austesten

- Gegenstände irgendwo draufhauen und das Geräusch erfahren, aber auch unsere Reaktion kennenlernen
- Gegenstände durch die Gegend schmeißen und ihren Flug beobachten, aber auch die eigene Körperkraft testen. In der Wohnung kann das ganz schön nervig werden, am Kieselstrand ist es Erholung pur. Unser Sohn kann eine Stunde lang Steine ins Wasser schmeißen und alles um sich herum dabei vollkommen vergessen.
- Gegenstände fallen lassen, schauen, wie sie verschwinden und wie wir reagieren
- Gegenstände irgendwo reintun, wieder rausholen, wieder reintun, wieder rausholen …
- Gegenstände hin und her tragen. Macht es euch zunutze und gebt dem Kind Aufgaben, die auch euch nützlich sind – noch verrichten sie sie mit großem Spaß.
- Dosen, Flaschen, Gläser, Klappen aufmachen und zumachen, Sachen reintun und rausholen
- Wasser von einem Glas in das andere füllen und wieder zurück
- Abnehmbare Teile abmachen und wieder dranmachen
- Kaputt machen und aufbauen. Deutlich früher als das Aufbauen kommt das Kaputtmachen. Spannend ist zu beobachten, ab wann das Kind selbst den ersten Turm mit den Bauklötzen baut. Bei anderen Gegenständen ist das Kaputtmachen weniger witzig. Wenn das Kind konstant mit dem Hammer auf den Lichtschalter haut, ist das nicht nur nervig, sondern macht ihn mit der Zeit kaputt. Leider weiß ich das aus eigener Erfahrung. Deshalb ist bei uns mittlerweile ein Brett eingezogen, auf dem unser Sohn nach Herzenslust herumhämmern und in das er in Begleitung auch mal ein paar Nägel versenken darf.

## Ordnung im Chaos

Auch wenn die Wohnung nicht danach aussieht, so erhält das Sammeln, Sortieren und Verstecken bald einen großen Stellenwert. Dinge zu sortieren setzt eine nicht unbeachtliche kognitive Leistung voraus. Unser Levin begnügt sich bisher damit, jegliche Gegenstände in einem seiner Verstecke klammheimlich verschwinden zu lassen wie eine diebische Elster.

## Nachahmen

Besonders wichtig ist bei »Spielzeug« der Aspekt des Nachahmens. Kinder ahmen ihre Umwelt nach und werden von den Gegenständen, die sie in dieser beobachten, eingenommen. Wenn wir einen Kochlöffel benutzen, dann lenkt das die Aufmerksamkeit des Kindes auf ihn. Es möchte ihn anfassen und ebenfalls rühren (oder in unserem Fall so lange auf den Tisch hauen, bis uns die Ohren abfallen). Durch unser Tun erwecken wir Gegenstände zum Leben und machen sie für Kinder interessant. Dadurch erfahren sie diese Dinge nicht nur haptisch und visuell mit ihren eigenen Sinnen, sondern auch mit dem Bedeutungshintergrund, den wir ihnen zusprechen, also ihrer Funktion. Das erklärt, warum Kinder gern genau damit spielen möchten, womit sich andere gerade beschäftigen. Wenn sie einen Gegenstand in Aktion sehen, wird er mit der Funktion aufgeladen, die andere ihm geben. Das möchten Kinder ebenfalls austesten. Es ist also nicht sinnvoll, Kinder dafür zu verurteilen, wenn sie genau das tun – weil es ganz natürlich ist. Das heißt natürlich nicht, dass man ihnen alles direkt geben muss.

Man kann also lauter Spielzeug anschaffen, das explizit nur für das Kind gedacht ist, oder man akzeptiert zunächst einmal jeden Gegenstand in der Wohnung als Spielmaterial. Was aus Sicherheitsgründen (gegenüber dem Kind oder dem Gegenstand) davon ausgenommen werden sollte, das kann man zu großen Teilen an dem Umgang des Kindes mit den Dingen ablesen. Geht es achtsam mit Glas um, spricht nichts dagegen, damit zu spielen. Merkt man, dass es das nicht tut, ist es Zeit, Grenzen zu ziehen. Wer dem Kind klar sagt, da darfst du dran und da darfst du nicht dran, der setzt ihm einen Rahmen, in dem es agieren kann. Das muss nicht über Dominanzverhalten passieren, also von oben herab. Wenn ich möchte, dass mein Sohn mich versteht, dann begebe ich mich ganz bewusst auf seine Höhe und erkläre ihm in Ruhe die Gründe. So weit zur Theorie. Ich bin auch keine Übermutter und schreie manchmal einfach nur rum. Wer aber weiß, dass das nicht sinnvoll ist, der kann hier gut an sich arbeiten.

Einfacher macht man es sich ohnehin, wenn man nicht alles verbietet, sondern genug Raum für Erfahrungen lässt. So haben wir in Kinderreichweite einen Schrank mit lauter Frischhaltedosen, der regelmäßig und mit unserem vollsten Einverständnis ausgeräumt wurde. Er ist mittlerweile umfassend erkundet und nicht mehr interessant.

Natürlich sind manche Gegenstände von dem Spiel ausgeschlossen, etwa scharfe Messer und die nicht gesicherten Steckdosen. Möchte das Kind unbedingt schneiden üben, so können wir das gemeinsam mit ihm tun und es ihm so ermöglichen, auch das schärfste Messer zu erforschen.

## Natürlichkeit

Gerade für Kinder ist es wichtig, dass sie viel draußen spielen. Nicht nur das Immunsystem wird gestärkt, wenn sie bei Wind und Wetter vor die Tür gehen. Früher war es normal, dass Kinder ab einem gewissen Alter viel Zeit auch allein draußen verbrachten. Die Wohnungen waren kleiner und das Spielzeug ärmer, während die Natur grenzenlose Spielmöglichkeiten bot.

Viel rauszugehen fordert die Fantasie der Kinder und bietet ihnen einen riesigen Erfahrungsraum – Haptik, Geruch und Aussehen verschiedenster natürlicher Materialien ermöglichen dies nahezu grenzenlos. Der Wechsel der Jahreszeiten, die großen und kleinen Tiere, was bewegt sich im Wald, was kann man mit Stöcken, Steinen, Blättern, Baumstümpfen und Erdhügeln alles machen – Kinder können hier frei und autonom sein, sofern die Eltern das aushalten. Klassisches Spielzeug braucht es dazu nicht.

## Musik

Musik hat eine unglaublich große Bedeutung für alle Menschen und tatsächlich auch schon für Kinder. Selbst Babys im Mutterleib lassen sich davon stimulieren oder beruhigen. Deshalb ist es sinnvoll, den Kindern Musik näherzubringen. Selbst mit oder vor dem Kind zu musizieren ist zudem ein toller und fesselnder Zeitvertreib. Wenn ich nicht schon zu viele andere Projekte hätte, hätte ich die Jahre dazu genutzt, Gitarre spielen zu lernen. Denn Musik zu machen ist eines der wenigen Dinge, die dem Kind genauso viel Spaß machen wie dem Erwachsenen. Musik ist ein faszinierendes Medium, das Altersgruppen verbinden kann. Unser Sohn beginnt zu tanzen, mit dem Kopf zu nicken, sich zu drehen, er starrt die Gitarre fasziniert an und ist immer dabei, wenn das Klavier gespielt wird. Selbst macht er auch gern Musik, wenngleich sich das in unseren Ohren eher nach Urwaldklängen anhören mag. Dafür bietet sich das eine oder andere Musikinstrument zu Hause an – Rassel, Triangel, Tröte, Glockenspiel, Klavier und natürlich die Trommel.

## Schlechtes Kinderspielzeug

Gerade in den ersten zwei Jahren ist Spielzeug, das als Spielzeug extra angefertigt wurde, also gar nicht notwendig – es schadet aber auch nicht grundsätzlich. Manches jedoch schon. Bei Kindern wird zu Recht sehr darauf geachtet, womit sie spielen. Besonders die billigen Kunststoffprodukte können allerhand an Weichmachern und anderen Chemikalien enthalten und abgeben, wenn an ihnen gelutscht wird. Wir sind deshalb aber nie in Panik verfallen und haben auch billigen Kram zu Hause, den wir gebraucht geschenkt bekamen. Wie bei allen Gegenständen macht es dennoch Sinn, auf hochwertige Materialien zu setzen, die lange halten. Lieber gebt ihr für eine Sache etwas mehr Geld aus und kauft dafür weniger. Gut heißt aber nicht unbedingt neu. Langlebiges Spielzeug ist auf dem Gebrauchtmarkt leicht erhältlich. Denn gute Qualität kann besser und länger verkauft und weitergegeben werden.

Gänzlich verzichten sollte man auf elektronische Spielzeuge und Bücher. Einerseits sind sie nicht notwendig – in der Fantasie der Kinder bewegen sich sogar Gegenstände, die gar nicht da sind. Anderseits sind sie die totale Recyclingkatastrophe. Batterien können nicht gewechselt werden oder es handelt sich um Knopfbatterien, die man nicht wieder aufladen kann. Die Gegenstände können nicht oder nur schlecht in ihre Einzelteile zerlegt und getrennt werden; entsprechend geschieht dies dann auch eher selten. Aus diesem Grund können sie nur schlecht sachgemäß entsorgt werden. Elektronikartikel gehören nicht in den Restmüll, sondern in eine gesonderte Sammlung der Abfallwirtschaftsbetriebe des Wohnortes.

Darüber hinaus sind solche Gegenstände oft von minderwertiger Qualität und landen schnell im Müll. Sie sind aus Kunststoff, und eine faire oder nachhaltige Produktion kann nicht gewährleistet werden.

Ein sprechendes Buch braucht ebenfalls kein Mensch. Wer gar keine Zeit hat, mit dem Kind gemeinsam ein Buch anzuschauen, der sollte sich eher fragen, ob Kinder das Richtige für ihn sind. Wenn man hin und wieder Bücher gemeinsam anschaut, dann lernen die Kinder, sie auch allein zu genießen.

Elektronische Medien sind in den ersten drei Jahren (und auch darüber hinaus) besonders schädlich. Kindern fällt es noch viel schwerer als uns Erwachsenen, nicht in deren Bann zu geraten oder sich wieder daraus zu befreien. Sind sie einmal auf den Geschmack gekommen, sich berieseln zu lassen, fordern sie den entsprechenden Konsum immer wieder ein. Natürlich ist es einfach, den Fernseher anzumachen oder das Tablet auf den Schoß zu legen und für ein paar Stunden seine Ruhe zu haben. Dafür setzen wir aber keine Kinder in die Welt. Obwohl es immer mehr Kindersendungen und Kanäle genau für dieses Alter gibt, sind elektronische Medien denkbar schlecht für die Entwicklung des Kindes.

Hier ergibt sich wieder so eine großartige Chance für uns, und zwar, uns mit unserem eigenen Medienkonsum auseinanderzusetzen. Denn wenn wir viel fernsehen oder ständig am Handy hängen, ist es schwierig, die Kinder davon abzuhalten. Weniger von beidem tut uns genauso gut. Und weniger Kontakt mit Werbung reduziert deutlich den Drang, etwas Neues haben zu müssen.

Ich selbst lebe seit 15 Jahren ohne Fernseher und muss sagen, dass die Abgewöhnung zwar nicht leicht war, der Tag dafür gefühlt doppelt so lang ist und ich so unglaublich viel machen kann. Handys haben wir aber alle in der Familie, und Gregor und ich arbeiten viel darüber. Da Selbstständigkeit keine klaren Grenzen zum Privatleben zulässt, kommt unser Sohn natürlich auch damit in Kontakt. Ab und an ein paar Bilder und in Zeiten völliger Verzweiflung auch einen Tierfilm (für unseren Sohn darf es gern auch ein Bagger in Aktion sein.) anzuschauen, halte ich für vertretbar. Wichtig ist, dass man das Kind nicht allein mit dem Gerät irgendwo parkt. Und als Alternative zu Filmen können ein Hörspiel oder Musik abgespielt werden.

## Gutes Kinderspielzeug

Wenn gezielt Spielzeug angeschafft wird, dann solltet ihr wie gesagt auf gute und langlebige Qualität achten. Holzspielzeug ist nicht nur deutlich robuster, sondern auch gesünder, nachhaltiger und schöner.

Wertvoll ist auch solches Spielzeug, das nicht vorgibt, wie man damit spielen soll, sondern Raum für die eigene Interpretation und Fantasie lässt und diese damit fördert. In den ersten ein bis drei Jahren sind es besonders folgende Gegenstände, die fesseln und die Kinder individuell und kreativ bespielen können:

- Dosen und Behälter, die man auf- und zumachen, ineinanderstecken, in die man andere Sachen reintun und wieder rausholen kann (es muss nicht unbedingt der klassische Becherturm für Babys sein)
- Bälle, die man bewegen, beobachten und hinter denen man herlaufen kann, faszinieren alle Kinder
- Transportgegenstände, also Lauflernwagen, Schubkarren, Kinderwagen oder Wäschekörbe, die mit allerhand Zeug gefüllt und von A nach B gefahren werden können
- Alles, was Rollen hat und hinter einem hergezogen oder vor einem hergeschoben werden kann wie Autos, Züge, Trecker oder Schiebe- und Ziehtiere.
- Besen, Lappen, Schrubber, Kehrblech, Klobürsten und Saugglocken – damit können die Kleinen genauso putzen wie Mama und Papa (die Klobürste mussten wir irgendwann reglementieren, da unser Badezimmer häufiger unter Wasser stand)
- Sandspielzeug und vor allem eine Schaufel und ein Eimer. Holz und Metall halten deutlich länger als Kunststoffmaterialien, die ständig kaputtgehen. Buddeln kann man mit einer Metallschaufel ohnehin immer besser
- Tierfiguren, mit denen Kinder die Tiere, die sie kennengelernt haben und die sie so faszinieren, nachspielen können
- Möbelstücke, die bestiegen und beklettert werden, auf denen man hüpfen und von denen man herunterrutschen oder -springen kann

# Wie viel Spielzeug?

An Spielzeug kann man nie genug haben. Das zumindest glauben Großeltern, Freunde, die meisten Eltern und damit auch ihre Kinder. Ich überrasche euch wahrscheinlich nicht, wenn ich sage, dass ich das ein bisschen anders sehe.

## Überforderung

Mehr ist nicht immer auch ein Mehr an Spielqualität, ganz im Gegenteil. Es ist wie beim Kleiderschrank. Je mehr drin ist, desto weniger findet man. Überfrachtung überfordert Kinder genauso wie Erwachsene, sie können in der Fülle von Möglichkeiten konkrete Angebote oft nicht wahrnehmen und spielen erst damit, wenn man sie ihnen vor die Nase stellt. Zu viel Spielzeug überfordert das Kind also. Es führt nicht zu überschwänglicher Freude, sondern eher zur Schockstarre. Man sieht den Wald vor lauter Bäumen nicht. Deshalb ist es sinnvoll, das Spielzeug bewusst zu reduzieren. Wenn sehr viel altersadäquates Spielzeug da ist, können einige Sachen, und vor allem doppelte oder ähnliche Sachen, in einer Kiste verstaut werden. So lassen sich zwischendurch einzelne Spielzeugteile auch immer wieder austauschen. Das gibt dem Kind die gleiche Freude, als würde ständig etwas Neues gekauft werden.

Wir haben im ersten Jahr gar kein Spielzeug gekauft, dafür aber jede Menge »geerbt«. Darunter fand sich auch solches, das wir uns selbst nie im Leben gekauft hätten. Mit der Einstellung, dass das Kind alles erforschen darf, stellten wir das ganze Zeug bereit. Schnell fiel uns auf, dass unser Sohn mit einem Korb voll unterschiedlicher Dinge nicht viel machen konnte. Daraufhin sortierte ich zunehmend aus und begann, die verbleibenden Stücke nach Themen zu ordnen: Bauklötze, Musikinstrumente, Tiere, Fahrzeuge, Bücher, Küchenutensilien, Werkzeuge …

Mehr Spielzeug bedeutet vor allem auch mehr aufräumen. Für Eltern ist das anstrengend, Kinder kann es überfordern, in einem Wust aus Spielzeug Ordnung zu schaffen.

Auch der Fantasie tut es gut, nicht im Überfluss zu leben. Die Kinder sind dann nämlich schlichtweg darauf angewiesen, kreativ zu werden, wenn sie anfangen, sich zu langweilen. Kreativität ist ein Stück weit angeboren, lässt sich zu großen Teilen aber auch trainieren. Zu viel verschiedenes, reizüberflutendes Spielzeug und gerade auch der frühe Kontakt zu elektronischen Medien hält sie jedoch davon ab. Wer hierauf ein Auge hat, der fördert also ihre Entwicklung.

## Übersicht und Ordnung

Mehr Spielzeug bedeutet also vor allem mehr Arbeit beim Aufräumen und mehr Platz, der dafür zur Verfügung gestellt werden muss. Im Umkehrschluss bedeutet weniger Spielzeug genauso wie weniger Besitz auch weniger Arbeit und tendenziell mehr Ordnung. Spätestens wenn ich Staub wische oder putze, bekommt es eine besondere Relevanz, weniger Zeug hin- und herräumen zu müssen. Seit ich auf den Geschmack gekommen bin, sortiere ich regelmäßig aus.

Mit Kindern zieht ein besonderes Chaos zu Hause ein. Für Eltern ist es häufig ein erbitterter Kampf, die Kinder zum Aufräumen zu bewegen. Kindern scheint Unordnung bzw. deren Beseitigung nicht wichtig zu sein, tatsächlich spielt hier aber eben oft eine gehörige Portion Überforderung mit. Sie mögen es genauso gern ordentlich und strukturiert, benötigen aber eine Grundlage dafür, um selbstständig dazu in der Lage zu sein. Dazu gehört zum einen, dass sie beim Aufräumen begleitet werden. Bis zu einem Alter von drei Jahren ist die Bereitschaft dazu noch sehr beschränkt, wer aber früh anfängt, die Kinder in den Aufräumprozess zu integrieren, der stärkt ihre Eigenverantwortung und nimmt sich selbst mit der Zeit viel Arbeit. Aus dem Aufräumprozess kann auch ein abendliches Ritual oder ein Spiel werden: »Alle Bausteine hier reinwerfen« zum Beispiel.

Ganz wesentlich für den Erfolg ist zum anderen, dass es vorgegebene Orte für die Sachen gibt. Je mehr Spielzeug rumsteht, desto schwieriger wird es, das zu schaffen. Deshalb kann ein wenig Minimalismus auch in einem Kinderzimmer nicht schaden.

Das heißt nicht, dass alles weiß und karg sein muss, sondern lediglich übersichtlich, strukturiert und nicht überfrachtet. Wenn alles seinen Platz hat und leicht einsehbar ist, erleichtert es das Aufräumen ebenso wie das Finden ungemein. Für jüngere Kinder, die sich noch sehr auf einzelne große Teile konzentrieren, bietet es sich an, Einzelteile wie Bagger, Puppen, Pferde und Kühe im Regal gut erreichbar und nicht zu viel davon aufzubauen. Für ältere Kinder, die beginnen, sich mit kleinteiligen Dingen wie Lego, Bauklötzen oder Eisenbahnen zu beschäftigen, sind Kisten oder Körbe, die leicht erreichbar und nach Themen sortiert sind, geeignete Ordnungssysteme. Je früher Kinder das Aufräumen lernen, desto früher merken sie auch, wie viel leichter das Ganze ist, wenn man nicht zu viel Zeug hat.

## Erweiterungsmöglichkeiten

Gerade wer Spielzeug gebraucht kauft, tauscht oder vom Sperrmüll rettet, der ergattert immer wieder Stücke, in die das Kind noch reinwachsen muss. Solche Funde sollten erst dann hervorgeholt werden, wenn sie altersgerecht sind. Andernfalls werden sie entweder nicht beachtet, das Kind schmeißt alles bloß durch die Gegend, verschluckt Einzelteile oder verletzt sich daran. Auch die Menge an Einzelteilen zu begrenzen, kann sinnvoll sein. Ein ganzer Korb voller Bauklötze oder Duplo-Steine oder ein ganzes Schienennetz laden hauptsächlich zum Rumschmeißen ein. Lieber stellt man einen kleinen Korb mit wenigen Steinen zur Verfügung und erweitert das Sortiment bei Bedarf.

Ich empfehle eine große Vorratskiste, in der man all das Spielzeug verstauen kann, was zu viel oder noch nicht altersgerecht ist. Unsere Kiste steht in der Wohnung an einem für das Kind nicht zugänglichen Ort, sodass ich immer leicht darauf zugreifen kann, um Spielzeug auszutauschen und das gerade genutzte Equipment im Laufe der Zeit zu erweitern. Ein direkter Zugriff ist praktisch, gerade wenn man sich nicht sicher ist, ab wann welches Spielzeug passt – so kann man es zwischendurch einfach ausprobieren. Und ist das Kind mal gelangweilt, lässt sich, wenn man selbst gerade keine große Lust zu spielen hat, im Handumdrehen etwas »Neues« hervorzaubern. Größere Stücke können auch im Keller gelagert werden.

Wer so minimalistisch lebt, dass dafür kein Platz ist, der besucht genau dann den Trödelmarkt, wenn etwas gebraucht wird, und besorgt nur das, was gerade altersgerecht ist. Ausleihen und tauschen mit Kindern anderer Altersgruppen entlastet sowohl den Stauraum als auch den Geldbeutel. Leider kommen diese Modelle nicht häufig vor, weil der Besitzanspruch (bei den Eltern eher als bei den Kindern) oft stärker wirkt als der Vorteil, der dadurch entsteht. Andere Alternativen können Spielzeugtauschbörsen oder Umsonst-Läden sein. Wer so etwas nicht in der Nähe hat, der kann es vielleicht selbst organisieren und damit viele Familien in der Umgebung bereichern.

## Bücher

Eine schöne Idee, die ich von einer Minimalistin kennenlernt habe, ist die, die Bücher im Kinderzimmer nicht in einem klassischen Regal aufzureihen, sondern sie nebeneinander mit der Front nach vorn auf einer Bilderleiste aufzustellen. So kann das Kind immer direkt sehen, welche Bücher es gibt, und einfach auswählen, was es anschauen möchte. Ist ein Buch nicht mehr interessant, kann es ausgetauscht werden. So eine Leiste bildet zudem auch einen bunten und stetig wechselnden Wandschmuck. Bei Büchern bietet es sich an, sie in der Bücherei auszuleihen. Der Ausweis ist für Kinder meist kostenlos, das stetig wechselnde Buchangebot ist bereichernd – sowohl für die Kinder als auch für die Eltern, die vorlesen – und die Bücherei ist gerade bei nicht so schönem Wetter ein guter Indooranlaufpunkt mit Kind. Hier gibt es immer was zu gucken. Kinder können hier auch gut lernen, Dinge zu benutzen, ohne sie besitzen zu müssen. Für das Kinderzimmer bedeutet es wesentlich weniger Zeug, das herumsteht oder herumliegt, und deutlich mehr Übersicht, für die Eltern eine Kostenersparnis.

Einzelne Bücher werden den Kindern und vielleicht auch den Eltern aber doch so ans Herz wachsen, dass sie sie so schnell nicht mehr abgeben möchten. Dann können sie im Zweifelsfall immer noch gekauft werden. Flexibler ist man hier auf dem Flohmarkt oder mit der Nutzung von öffentlichen Bücherschränken. Bei Letzteren kann man sich einfach am Sortiment bedienen und auch hinbringen, was man selbst nicht mehr braucht. Bücherspenden werden aber auch von Büchereien gern angenommen. Ruft am besten vorher an und fragt nach, was sie annehmen.

## Kuscheltiere

Kinder werden heutzutage in Kuscheltieren geradezu erstickt. Auch ich lebte in meiner Kindheit in einem Berg solcher Tiere. Spätestens wenn die Kopfläuse zu Hause einziehen, ärgern sich alle Eltern, dass sie es dazu haben kommen lassen. Bei Kuscheltieren rate ich zur Sparsamkeit. Die Wertschätzung für das einzelne Tier ist deutlich höher, wenn nicht immer ein neues hinzukommt. Und die stetig wachsenden Haufen an Kuscheltieren können die Kinder kaum sinnvoll handhaben. Sie fliegen überall rum und enden irgendwann aussortiert unterm Bett. Ein bis zwei Kuscheltiere reichen völlig aus. Gerade darauf muss man Freunde und Bekannte hinweisen, denn die meisten Kuscheltiere kommen nicht von den Eltern.

Auch ist die Qualität der Kuscheltiere entscheidend. Die meisten Exemplare werden aus Synthetikfasern gefertigt. Nicht nur, dass sie quasi aus Erdöl bestehen, sie sind ein kontinuierlicher Produzent von Mikroplastik, das wir und die Kinder einatmen. Wenn schon Kuscheltiere, dann bitte aus Biobaumwolle (oder anderen Naturfasern). Ansonsten ist das Geschenk eher ein Fluch.

## Mein und Dein

So ungefähr um das zweite Lebensjahr beginnt die Eigentumsphase, in der die Kinder sehr stur auf ihr Eigentum bestehen und ihre Eltern nicht selten in unangenehme Situationen bringen. Man sagt, diese Phase sei sowohl normal als auch wichtig für die kindliche Entwicklung. Bisweilen nimmt sie jedoch recht bizarre Züge an. So werden die Kinder früh von unserem starren Umgang mit Eigentumsverhältnissen geprägt und greifen diese auf. Wenn uns Besitz wichtig ist, dann färbt das auf unsere Kinder ab wie andere Eigenschaften auch.

Mir ist Eigentum deutlich unwichtiger geworden, seit ich Zero Waste lebe. Ich glaube, dass wir nicht alles besitzen müssen, um es zu nutzen. Ich glaube an den freien Fluss, an das bedingungslose Schenken und daran, dass die intensivere Nutzung der Dinge, die es schon gibt, wichtiger ist als der persönliche Besitz. Eigentum an sich ist sowieso nur ein Gedankenkonstrukt unserer Gesellschaft, auf dessen Basis sie einerseits funktioniert, andererseits aber auch zu unzähligen Konflikten, Ungleichheit, Unzufriedenheit und Leid führt. Deren Ursache ist doch oft, dass die einen wenig besitzen und die anderen viel, die einen neidisch werden und die anderen unter Verlustangst leiden. So beobachte ich immer wieder Kinder auf dem Spielplatz, die jede Menge tolle Sachen mitbringen. Sie sind teilweise richtig gestresst, weil sie so beschäftigt damit sind, ihre Sachen zu verteidigen, dass sie erstens nicht zum Spielen kommen und zweitens keine sozialen Kontakte eingehen aus Angst, etwas zu verlieren. Deshalb wünsche ich mir, dass der persönliche Besitz für meinen Sohn genauso einen marginalen Stellenwert bekommt, wie es bei mir der Fall ist.

Auch wenn die Eigentumsphase tatsächlich ein natürlicher Prozess sein sollte, den die Kinder durchlaufen müssen, so kann eine Bezugsperson allein schon durch ihre Sprache sehr viel Einfluss auf dessen Ausprägung nehmen. Habe ich einen Roller dabei, wenn ich meinen Sohn bei der Tagesmutter abhole, werden er und ich gleich mehrfach gefragt, ob es seiner sei. Welche Relevanz hat es? Wofür ist es wichtig? Wenn mein Sohn mir seinen Schuh zeigt, sage ich nicht: »Das ist deiner«, ich sage: »Das ist ein Schuh.« Wenn er sich ein Handy schnappt, sage ich nicht: »Das ist meins«, ich sage: »Das ist ein Telefon.« Ich greife solche Beispiele heraus, weil ich miterlebe, wie unglaublich weit verbreitet es ist, die Dinge nicht mehr beim Namen zu nennen, sondern nach Besitzzugehörigkeit.

Ich versuche, sehr bewusst darauf zu achten, dass ich das nicht tue. Ganz bewusst spreche ich nicht von *seiner* Schaufel, sondern von *der* Schaufel und maximal von *unserer* Schaufel. So, wie ich ihm nicht sage, dass Dinge ihm gehören, versuche ich genauso, ihm nicht zu sagen, dass Dinge mir gehören. Wenn ich überall Besitzansprüche anmelde, dann muss ich mich nicht wundern, wenn er das auch tut. Er darf prinzipiell erst mal mit allem spielen, alles ist seins, wie es meins ist. Er hat bisher kein Zimmer, weil alle Zimmer seine sind. Das bedeutet jedoch nicht, dass er alles darf. Es bedeutet nur, dass ich ihm Dinge nicht aus Eigentumsrechten vorenthalte, sondern aus handfesteren Gründen. So sage ich nicht: »Du darfst mit dem Telefon nicht spielen, weil es *meins* ist«, sondern: »Du darfst mit dem Telefon nicht spielen, weil es kaputtgehen kann und du noch zu jung für Bildschirme bist.«

Für mich ist es aber nicht nur eine Grundsatzfrage, Besitzansprüche zu reduzieren, sondern es bedeutet auch weitaus weniger Stress. Wenn ich beobachte, wie Eltern ihren Kindern hinterherrennen, um ja dafür zu sorgen, dass sie nicht zu lange mit dem Spielzeug anderer Kinder spielen, weiß ich, dass ich das nicht machen möchte. Kinder können viele Konflikte unter sich lösen, ohne dass ein Eingreifen nötig ist. Man sollte ihnen durchaus die Chance geben, das zu üben. Sorge vor wütenden Eltern ist auch nicht gleich angebracht. Die meisten Eltern bestehen nicht darauf, dass andere Kinder das Spielzeug ihrer Kinder sofort wieder herausrücken, wenn diese das wollen. Der Drang danach, einzugreifen, rührt doch meist von dem Wunsch her, dass die eigenen Kinder lernen zu teilen. Je weniger sie lernen zu besitzen, desto leichter fällt ihnen das Teilen.

Für die Kinder ist es zudem eine ganz wertvolle Lernerfahrung, solche harmlosen Streitigkeiten selbst zu lösen. Dadurch erlangen sie Selbstbewusstsein und Selbstwirksamkeit und verlassen sich nicht immer nur darauf, dass Mama sich schon kümmert. Man tut sich und den Kindern also einen riesigen Gefallen, wenn man sie einfach machen lässt (solange sie nicht handgreiflich werden) und nur vom Rande zuschaut. Eltern sind nicht dazu da, den Kindern beim Spielen zu helfen, sondern nur dafür, ihnen einen sicheren Rahmen zum Spielen zu geben. Seit mir das klar ist, ist der Spielplatz für mich die pure Erholung. Ich sitze am Rand, bin da, lese, mache Yoga, gucke zu, entspanne. Mein Sohn ist über Stunden beschäftigt und schaut nur hin und wieder mal vorbei, um sicherzugehen, dass ich da bin. Er spielt mit allen Sachen, gibt all seine Sachen anderen und hatte bisher auch noch nie ernsthaft Streit.

## Loslassen

Die Produktion von neuen Gegenständen zu reduzieren und die Nutzung von Dingen, die es schon gibt, zu intensivieren ist ein Kerngedanke von Zero Waste. Deshalb führt dieser Weg früher oder später auch dahin, den eigenen Hausstand zu überdenken, Ungenutztes nicht zu horten, sondern abzugeben. Viele Dinge begleiten uns sehr lange, auch wenn wir sie weder nutzen noch brauchen – sei es aus nostalgischen Gründen, einem »Was man hat, das hat man«-Gefühl oder aus purer Nachlässigkeit. Diese Dinge begleiten uns jedoch nicht einfach nur, sie belasten uns auch. Welche körperliche und geistige Erleichterung es bringt, auszumisten und Dinge loszulassen, die man nicht braucht, versteht man erst, wenn man es selbst ausprobiert hat. Dieser Prozess ist nicht nur ungemein befreiend, er erleichtert uns auch das Aufräumen und Sauberhalten der Wohnung, wenn weniger Gegenstände verwaltet und verschoben werden müssen, um zum Beispiel Staub zu wischen.

Gerade für Kinder ist eine frühzeitige Auseinandersetzung mit dem Loslassen hilfreich, damit sie nicht mit der Zeit in ihrem Krempel ersticken und immer wieder Raum für neues, altersgerechtes Spielzeug entsteht. Spielzeug, aus dem Kinder herausgewachsen sind oder das sie nicht interessiert, kann weggegeben werden. Entweder man hebt es für zukünftige Geschwisterkinder auf oder man verschenkt oder verkauft es. Wer es nicht dauerhaft weggeben will, es aber auch gerade nicht braucht, der kann es ganz gut an andere Kinder verleihen. Das macht man wiederum nur gern, wenn das Spielzeug robust und stabil ist.

Die Lagerkapazitäten sind in den meisten Haushalten gering und es entlastet ungemein, weniger Kram verwalten zu müssen. Deshalb ist es ratsam, regelmäßig zu überprüfen, was wegkann, was bleiben soll und was eingelagert wird. Wenn Kinder damit aufwachsen, Dinge gehen zu lassen, wird es ihnen auch später keine Probleme bereiten. Gerade wenn sie ein Alter erreichen, in dem sie Spielzeug bewusst wahrnehmen, sich an Dinge erinnern und sie vermissen können, ist es wichtig, sie in solche Prozesse mit einzubinden. Sie frühzeitig spüren zu lassen, dass man Besitz nicht anhäufen muss oder gar abhängig davon sein sollte, erleichtert sie und macht sie unabhängig davon.

## Leihen

Das Zeitalter, in dem wir alles im Überfluss zur Verfügung haben, bietet nicht nur Grund zur Sorge, sondern auch die Chance, sich von Besitz freizumachen. Unsere Großeltern können das nicht verstehen, aber für die nachwachsenden Generationen wird das Besitzen immer unwichtiger. Der Gedanke setzt sich langsam durch, dass man alles nutzen kann, auch ohne es zu besitzen.

So, wie man Klamotten leihen kann, kann man das auch mit Spielzeug. Man kann entweder einzelne Stücke ausleihen oder mit einem Abo regelmäßig wechseln. Anbieter sind zum Beispiel *meinespielzeugkiste.de*. Für mich kam das bisher nicht infrage. Der Preis ist für mich zu hoch, und den ständigen Versand von Gegenständen halte ich auch nicht für ganz optimal. Mit unserem wenigen gebrauchten Spielzeug komme ich preislich deutlich besser weg als bei einem monatlichen Abo. Wer nicht so auf den Cent schauen muss und einfach gern Abwechslung ins Sortiment bringt, für den ist das Leihen aber eine sehr gute Alternative. Vor allem ist es besser, als ständig etwas Neues zu kaufen. So wird auch der Aufwand geringer, ethisch korrekt gebraucht zu kaufen und wieder abzugeben. Wer das Angebot nutzt, der sollte aber trotzdem genau hinschauen, welche Spielzeuge ausgewählt werden.

# Kita & Tagesmutter

Zero Waste, Stoffwindeln und Abhalten sind einfach, wenn man es selbst macht. Spätestens wenn das Kind in Betreuung geht, und das ist häufig schon nach einem Jahr der Fall, treten weitere Personen in dieses System ein, die nicht unbedingt mit solchen Dingen vertraut sind oder etwas davon gehört haben. Im Idealfall sucht man sich eine Tagesmutter, die zumindest offen dafür ist oder gar selbst schon Erfahrungen damit hat. Aber sind wir mal ehrlich: Bei dem desolaten deutschen Betreuungssystem kann man froh sein, überhaupt einen Platz für sein Kind zu bekommen. Da will man sich mit solchen Fragen nicht auch noch unbeliebt machen. Ich selbst hatte großes Glück, eine Tagesmutter zu finden, die sowohl bereit ist, mit Stoff zu wickeln, als auch mit der Waldpädagogik vertraut ist und mittlerweile (durch uns) die Meinung vertritt, dass alle Kinder abgehalten werden sollten. So viel Glück wird nicht jeder haben.

## Stoffwindeln

Wie immer bei der Weltverbesserung muss man behutsam vorgehen, um andere nicht abzuschrecken oder zu belehren. Die Frage, ob Stoffwindeln in Ordnung sind, sollte aber in jedem Erstgespräch geklärt werden. Das ist wirklich nicht zu viel verlangt. Kennt sich die Tagesmutter bisher gar nicht damit aus, bringt ihr am besten ein einfach zu knöpfendes System mit und zeigt, wie leicht es ist.

Wenn es so weit ist, bringt ihr jeden Morgen drei fertig zusammengesteckte Windeln und einen Wetbag mit. Die benutzten Windeln könnt ihr später darin nach Hause transportieren. Besprecht mit den Betreuern, wie das Windelvlies entsorgt werden sollte.

### Abhalten

Das Abhalten ist ein deutlich unbekannteres Thema, das auch Zeit bis nach der Aufnahme hat. Im Idealfall bekommen die Betreuer in der Eingewöhnung mit, was ihr da auf dem Klo treibt, und sprechen euch darauf an. Es ist also nicht verkehrt, sehr offen damit umzugehen, damit sie es auch wirklich bemerken.

Inwieweit Zero Waste ganz allgemein zum Thema werden sollte, hängt von dem Umweltbewusstsein der Betreuer ab, von der Situation, aber auch davon, wie wichtig euch das Thema ist und wie dringend ihr euer Kind unterbringen möchtet. Ist es dringend, dann scheint ein vorsichtiger Umgang angemessen. Viele fühlen sich schnell belehrt oder beobachtet, was sie letztendlich eher abschreckt. Im Zweifelsfall wartet ihr lieber bis nach der Aufnahme oder thematisiert es gar nicht. Dass bei euch gewisse Dinge anders laufen, werden die betreuenden Personen wahrscheinlich sowieso bald bemerken. Sind sie für das Thema offen, freuen sie sich vielleicht sogar über neue Impulse. Ist das nicht so, macht euch von etwaigem schlechtem Gewissen frei. Wenn ihr in eurem Haushalt das Bestmögliche tut, dann hört irgendwo die Einflussmöglichkeit auf. Es gibt keinen Grund, sich dafür schlecht zu fühlen.

Eines solltet ihr aber immer bedenken: Was ihr mit einem Kind zu Hause schafft, kann eine Tagesmutter mit fünf Kindern nicht unbedingt auch umsetzen. Das zeigt sich besonders beim Abhalten. Ist die Aufmerksamkeit auf viele Kinder gerichtet, macht es dies schwerer, auch feine Signale zu registrieren und richtig zu deuten. Ist die Tagesmutter aber offen dafür, kann das Kind auch lernen, sich deutlicher zu artikulieren. Wenn es laufen und sogar erste Worte sagen kann, wird es für beide leichter. Deshalb tut ihr gut daran, »Pipi« oder »Kacka« schon sehr früh klar zu benennen. Spätestens wenn sich das Kind meldet, bevor es in die Hose macht, werden die Betreuungspersonen sehr schnell merken, welch wunderbare Vorzüge es auch für sie hat, darauf zu hören.

Auch könnt ihr die Ankunftszeit dazu nutzen, zu erzählen, wie das Ausscheidungsverhalten des Kindes gerade so ist. Hat es eine neue Regelmäßigkeit entwickelt, ein neues Signal, sind Schwierigkeiten aufgetaucht? Bei der Übergabe am Nachmittag findet die gleiche Kommunikation statt, und das Kind sucht vielleicht noch einmal die Toilette auf, bevor es nach Hause geht.

### Taschentücher

Unsere Tagesmutter freute sich riesig über unsere Stofftaschentücher. Vielleicht sind eure ebenfalls bereit, sie zu nutzen. Die gebrauchten Tücher können einfach mit in den Wetbag gesteckt werden.

### Ernährung

Ein Thema, das viele Eltern beschäftigt, die ihre Kinder in Betreuung geben, ist der Süßigkeitenkonsum – nicht nur wegen der schrecklichen Verpackung, sondern auch wegen des gesundheitlichen Faktors. Im besten Fall bekommen die Kinder bei der Tagesmutter oder in der Kita gar keine Süßigkeiten. Leider ist das jedoch eher selten. Zumindest gibt es immer mehr Menschen, die einen reduzierten Konsum von Zucker gerade bei Kindern für sinnvoll halten und daher die Menge deckeln. Ihr könnt durchaus ansprechen, dass euch das wichtig ist.

# Malen & Fotografieren

## Malen

Von Basteln kann in den ersten drei Jahren mit Kind noch nicht wirklich die Rede sein. Viele Kinder (unser Sohn gehört nicht dazu) fangen aber schon zu malen an. Das gibt Anlass, auch hier genau hinzuschauen, womit sie malen.

### Papier

Das anfängliche Rumgekritzel der Kleinen muss nun wirklich nicht auf frischem Papier passieren. Dafür eignet sich wunderbar einseitig beschriebenes Schmierpapier. Wir sammeln solches Papier sowieso immer, um es ein zweites Mal zu nutzen. Sollte unser Sohn irgendwann entdecken, dass man Stifte nicht nur schmeißen kann, ist davon genug auf Lager. Ist neues Papier nötig, sollte es natürlich Recyclingpapier sein. Das verbraucht in der Produktion deutlich weniger Ressourcen, Energie und Wasser.

### Stifte

Gerade kleine Kinder sollten keine lackierten Stifte in die Finger bekommen. Da sie einfach alles in den Mund nehmen, wird auch dieser Lack bald genüsslich abgekaut. FSC-zertifizierte unlackierte Bunt- und Bleistifte sind die beste Lösung.

Wachsmalstifte erfordern einen Blick auf die Inhaltsstoffe, weil viele von ihnen Erdöl enthalten. Alternativ kann man Pastellkreide nutzen, die jedoch teurer ist. Bei Straßenmalkreide kann man darauf achten, dass sie frei von schwermetall- und schwefelhaltigen Verbindungen ist.

Wasserfarbmalkästen gibt es nicht nur aus Kunststoff, sondern auch aus Metall, mit auswechselbaren Farben. Das ist auch dann schon die sinnvollere Wahl, wenn es zunächst eher darum geht, die kleinen Füße anzumalen und auf Papier zu drucken.

### Wo kaufen?

Es gibt spezielle Onlineshops für ökologisches Büromaterial. Natürlich ist es immer besser, im Laden vor Ort zu kaufen, das Angebot ist aber oft recht beschränkt. Wer motiviert ist, etwas dagegen zu tun, der sollte solche Läden gezielt auf ökologische Produkte ansprechen und genau nachfragen, was in dem, was er kaufen möchte, drin ist. Das muss man oft aber auch bei Öko-Onlinehändlern, weil sie nicht immer nur ökologisch sinnvolle Produkte im Sortiment haben.

## Fotos drucken

Mit einem neuen Erdenbewohner beginnt das Blitzlichtgewitter. Die Kleinen sehen einfach so süß aus, dass man ständig knipsen möchte. Beim Ausdrucken von Fotos sollte man wissen, dass dabei viele nicht gerade harmlose Chemikalien verwendet werden. Wie diese im Fotolabor behandelt werden, kann ganz unterschiedlich sein. Am besten fragt ihr vorher genau nach und signalisiert damit, dass euch das wichtig ist. Umfangreiche Aussagen zur Umweltfreundlichkeit einer Druckerei findet man eher selten. Das Beste, was ich aufstöbern konnte, ist die Druckerei *cewe-fotoservice.de.*

Fotodruck ist ohne Chemikalien bislang nicht möglich. Überlegt euch daher gut, welche Fotos wirklich gedruckt werden müssen. Aber auch der virtuelle Fotospeicher quillt bei den meisten mittlerweile so über, dass sie es kaum schaffen, sich die Bilder jemals anzugucken. Auch hier ist weniger oft mehr. Nutzt trübe Wintertage dazu, eure Bilder immer mal wieder auszusortieren und nur noch die zu behalten, die euch wirklich bewegen. Ihr schont eure Speichermedien, entlastet die Server, die mit sehr viel Strom laufen, und schaut euch obendrein die übrig gebliebenen Bilder viel lieber an.

# Gesundheit

*Zweieinhalb Wochen nach der Geburt unseres Sohnes gingen wir ins Krankenhaus, weil er uns seltsam und weinerlich vorkam. Kurze Zeit später fanden wir uns auf der anfangs erwähnten Intensivstation wieder, um sein Leben bangend. Stückchen für Stückchen wurde klar, dass er eine Hirnblutung hatte aufgrund einer Sinusvenenthrombose, also eines Gefäßverschlusses in der Hauptader mitten auf dem Kopf. Zum Glück kamen wir gerade noch rechtzeitig, um das Schlimmste zu verhindern. Er blieb eineinhalb Wochen auf der Intensivstation, dann zog ich mit ihm zusammen ins Frauenhaus zu den Frühchen. Seitdem ist mir eines klar: Ohne Plastik und ohne Abfall ist unsere moderne Medizin undenkbar. Unser Sohn hat in seinen jungen Jahren allein durch diese drei Wochen schon einen recht großen Müllberg auf seinem Konto. Hätte man darauf verzichten wollen, wäre er keinen Monat alt geworden. Einwegwindeln, Einwegwindelunterlagen, Blutsättigungsmesser, die unbrauchbar sind, sobald das Klebeband nicht mehr klebt, Einweg-Milchpumpenaufsätze und -flaschen, künstliche Babymilch – und da ist das eigentliche medizinische Gerät noch gar nicht mitgezählt. Wir bekamen so einen tiefen Einblick in den verschwenderischen Umgang mit Ressourcen im Krankenhaus.*

Geht es um etwas Ernstes, wird sich kaum jemand der Materialschlacht der modernen Medizin verweigern, um Müll zu vermeiden. Uns ging es da nicht anders. Aber kann das eine Ausrede sein, um verschwenderisch zu leben? Ganz im Gegenteil. Wenn wir unserer Medizin noch lange ermöglichen wollen, so zu agieren, dann tun wir nur gut daran, die Ressourcen nicht in anderen Bereichen etwa für Coffee-to-go-Becher oder Strohhalme, die alles andere als aus Stroh sind, zu verschwenden. Im Krankenhaus können sie Leben retten, der Trinkhalm rettet maximal den Cocktail.

Trotzdem gibt es aber auch im medizinischen Bereich jede Menge Verbesserungspotenzial. Dass jede Scheibe Brot einzeln in Plastik verpackt werden muss und weggeschmissen wird, wenn der Patient sie nicht anrührt, ist irrsinnig. Ich wünsche mir, dass medizinische Einrichtungen nicht wie bisher unantastbar bleiben und in ihnen das ökologische Einsparungspotenzial Berücksichtigung findet. Denn auch hier gibt es viele Alternativen.

Abgesehen von schwerwiegenden Vorkommnissen, die einem hoffentlich erspart bleiben, machen Kinder bis zu ihrer Pubertät so unzählig viele Kinderkrankheiten durch. Zero-Waste-Gesundheit heißt im Wesentlichen Prävention, Hausmittel und Zeit. Hier meine Tipps für weniger Medikamente und damit auch weniger Müll:

### Gesunde Ernährung

Versucht, Süßigkeiten so lange wie möglich zu vermeiden. Kennen die Kinder sie nicht, gibt es auch kein Theater darum, ob neben dem süßen Zeug noch etwas Gesundes in den Mund wandert. Ansonsten können schon die Kleinsten gut selbst entscheiden, was sie brauchen. Es gibt keinen Grund dafür, ihnen aus Sorge vor zu wenigen Nährstoffen bestimmte Dinge mit Zwang einzuverleiben. Das führt nur zu einem gestörten Essverhalten.

Gerade das Vermeiden von Zucker ist wichtig für eine gesunde Darmflora, die sogar vor Allergien schützen kann. Es lohnt sich wirklich, darauf zu achten.

### Wenig Stress

Kinder müssen nicht in Watte gepackt werden. Ganz und gar nicht! Es ist wichtig, dass sie lernen, mit Stress umzugehen. Dafür ist aber genauso wichtig, dass wir ihnen Zeit, Raum und Schutz geben, um ihn zu verarbeiten. Anfangs äußern sich Stressreaktionen vor allem durch Weinen oder Aggression. Beides sollte man niemals verbieten, sondern immer dabei unterstützen, die Gefühle rauszulassen. Das Unterdrücken von Gefühlen, die sich für uns als nervig äußern, kann zu dauerhaften psychischen und physischen Beschwerden führen.

Ein tobendes Kind zu ertragen ist nicht immer leicht und verlangt den Eltern einiges ab. Sie können sich wiederum damit beschäftigen, was das bei ihnen an Gefühlen auslöst. Bekommen die Kinder Raum für ihre eigenen Gefühle und gewinnen sie den Eindruck, dass sie ernst genommen werden, können sie sich leichter wieder beruhigen. Das heißt nicht, aggressiven Kindern beim Zerstören oder Schlagen zuzuschauen. Wenn das Kind anfängt zu hauen, kann man ihm Alternativen anbieten, ihm zum Beispiel die Hand hinhalten, auf die es klatschen kann. Wer weint, möchte gehalten werden und Liebe erfahren, ganz gleich, ob das Weinen berechtigt ist. So weinen Kinder auch, wenn sie andere verletzt oder unrecht getan haben. Was der Grund für das Weinen ist und ob es gerechtfertigt ist, kann man klären, sobald die Tränen getrocknet sind.

## Rausgehen

Je windiger, nasser und kälter das Wetter ist, desto mehr werden die Abwehrzellen in unserem Körper trainiert. Das ist mit ein Grund, warum Kinder viel draußen spielen sollten. Für Erwachsene gilt das aber ebenso. Gewöhnen wir uns an, jeden Tag rauszugehen, auch wenn es nur ein Spaziergang ist.

### Unterschiedliches Empfinden

Kinder haben ein anderes Kälteempfinden als Erwachsene, ihr Herz schlägt schneller und sie verbrennen deutlich mehr Energie, das heißt, sie produzieren mehr Wärme. Ihre Kleidung an das eigene Empfinden anzupassen kann nur eine grobe Richtschnur sein. Sie aus Sorge vor Kälte in zig Lagen Kleidung einzupacken ist daher oft kontraproduktiv. Das Temperaturempfinden ist eine Gewohnheitssache, sonst könnte sicherlich niemand im Iglu leben. Gerade wenn die Kinder sich deutlich äußern können, sollte man sie in die Kleiderwahl mit einbeziehen. Unser Sohn läuft auch bei 18° C noch gern barfuß herum. Wenn es ihn nicht stört, wieso nicht. Für die Fahrt zur Tagesmutter überrede ich ihn an kühleren Morgen zu einem Pulli oder einer Jacke, die er sich gleich vom Leib reißt, wenn wir angekommen sind. Damit er auch wirklich bewerten kann, wie die Temperaturen sind, ziehe ich ihm die letzten Lagen gern erst vor der Haustür an. Das spart mir eine Menge Geschrei und ihm Überhitzung. Wenn die Kinder sich sehr sträuben, man aber trotzdem nicht ganz sicher ist, nimmt man die Klamotten einfach mit und fragt nach einer Weile nach. Uns wird schließlich auch kälter, wenn wir eine Weile draußen sind.

Packt man seine Kinder nicht wärmer ein als nötig, spart man sich einerseits das ständige Aus- und Anziehen, andererseits gewöhnt man sie auch an kältere Temperaturen, was sie weniger anfällig für eine Erkältung macht. Das funktioniert schon von Geburt an. Seid ihr euch unsicher, kontrolliert regelmäßig Hände, Füße und Nacken. Ist hier alles warm, braucht ihr euch keine Sorgen zu machen. Ich bin immer wieder erstaunt, wie warm die Hände meines Sohnes sind, und wärme mich gern an ihnen auf.

## Symptombehandlung

Gerade die einfachen Erkältungen können durch Medikamentengabe nicht beschleunigt werden. Das müssen sie aber auch nicht. Es reicht aus, einfach abzuwarten. Medikamente lindern vor allem die Symptome. Hausmittel können das meist genauso gut wie das Apothekenzubehör. Im Internet gibt es zahlreiche Seiten und Foren, die Tipps, Rezepte und Anleitungen geben. Die wichtigsten Hausmittel sind aber Liebe und Zuneigung, Streicheln, Knuddeln und Aufmerksamkeit. Leider führt das dazu, dass man meist kurz danach selbst flachliegt. Und etwas neidisch stellen wir fest, wie viel leichter Kinder Krankheiten wegstecken können als wir.

## Homöopathie

Viele Eltern behandeln ihre Kinder mit Homöopathie, um ihnen schwerere Medikamente zu ersparen. Es lohnt sich häufig, erst einmal solche Verfahren zu testen, bevor man die chemische Keule auspackt, weil die Ergebnisse wirklich gut sind. Ich selbst habe wenig Erfahrung damit, kann deshalb auch keine großen Ratschläge erteilen. Tatsächlich habe ich aber gerade bei der Homöopathie den Eindruck, dass sowohl Mütter als auch Ärzte einfach mal was verschreiben oder geben, weil es ja nicht schaden kann. Das scheint bei Homöopathie zwar wirklich der Fall zu sein, führt aber auch zu vielen unnötig genommenen Kügelchen. Deshalb verzichten wir in den meisten Fällen lieber ganz auf Medikamente. Auch wenn Homöopathie gänzlich harmlos ist, so ist sie doch auch unnötig, wenn sie nicht wirklich gebraucht wird. Was davon der Fall ist, ist leider nicht ganz leicht zu bewerten. Gehen Beschwerden nicht weg oder belasten zu sehr, dann ist Homöopathie eine gute erste Wahl. Sucht euch am besten gleich einen Kinderarzt, der sich damit auskennt.

## Bauchschmerzen

Gerade in den ersten Lebensmonaten, in denen sich die Darmflora erst bildet, können Bauchschmerzen gut durch das Abhalten beim Stuhlgang gemildert werden. Viele Windelfrei-Kinder, so auch unser Sohn, haben kaum Probleme mit Bauchschmerzen. Die Hockstellung erleichtert ihnen das Ausscheiden, und gleichzeitig kann der Bauch zusätzlich mit den kleinen Oberschenkeln massiert werden.

## Placebo

Medikamente oder Therapien, die gar keinen medizinischen Wirkstoff enthalten, können erstaunlicherweise trotzdem Schmerzen lindern und die Heilung beschleunigen. Gerade Kinder sind sehr offen für solche Strategien. Viele von ihnen fühlen sich besser, wenn man ihnen ein Pflaster auf die Schramme klebt oder sie irgendeinen Saft schlucken, von dem Papa sagt, dass er hilft. Das geht mit Einwegmaterialien und Apothekenprodukten genauso gut wie ohne. Ich muss immer lachen, wenn mein heulender Sohn mir seine ramponierten Körperteile für ein Küsschen hinhält und danach freudestrahlend weiterspielt. Ich habe diese »Heilungsmethode« eingeführt, weil ich auf Pflaster und Co. weitestgehend verzichten, ihm aber trotzdem den Eindruck geben möchte, dass ich etwas tue, um sein Leid zu lindern. Sind die Kinder an Hausmittel gewöhnt statt an Pillen, werden sie ihnen das gleiche Vertrauen entgegenbringen, auch wenn sie nicht so toll schmecken.

## Pflaster

Pflaster lassen sich nicht immer vermeiden, es ist also sinnvoll, ein paar zu Hause zu haben. Bei kleineren Verletzungen sind sie aber oft unnötig. Viele Wunden heilen auch ohne Pflaster gut oder sogar besser. Wenn ein bisschen Blut aus der Wunde läuft, ist das ohnehin eine gute Selbstreinigung.

Erfreulicherweise gibt es nun auch ein mir bekanntes Produkt am Markt, das aus nachwachsenden Rohstoffen besteht und biologisch abbaubar ist. *Patch* heißt die Marke, die zu alle dem auch noch hip aussieht.

## Impfen

Ich werde es sicherlich nicht wagen, mich mit einer Impfempfehlung aus dem Fenster zu lehnen. Zu kontrovers und zu verhärtet sind die Fronten und zu fatal können die Folgen einer Entscheidung sein. Da Impffolgen aber noch sehr unerforscht sind und die Impfstoffe oft mehr Aluminium zu enthalten scheinen, als unbedingt notwendig ist, würde ich nicht blind alles impfen, sondern mich in jedem einzelnen Fall intensiv mit dem Thema auseinandersetzen. Welche Impfungen und in welchem Alter gemacht werden, sollte individuell entschieden werden. Es bleiben aber schwierige Einzelentscheidungen, weil oft gute Gründe für beide Seiten vorliegen. Wenn ihr euch mit der Entscheidung überfordert fühlt, dann begebt euch in die Hände eures Kinderarztes, der euch in der Regel mit den Impfempfehlungen der ständigen Impfkommission versorgt.

## Bakterien

Oft vergessen wir bei unseren Reinlichkeitsbemühungen, dass es nicht nur schädliche Bakterien gibt. Tötet man mit Desinfektionsmitteln und Antibiotika Bakterien ab, beseitigt man dabei auch die nützlichen. Gerade in der Darmflora sind Bakterien essenziell, damit der Darm seine Arbeit verrichten kann. Eine Antibiotikakur zerstört alles davon. Das ist ein Grund, warum Antibiotika immer das letzte Mittel der Wahl sein sollten. Man kann den Darm durch eine Darmkur zwar leicht wieder mit Bakterien besetzen, dafür muss man aber ziemlich viel Verpackungsmüll in Kauf nehmen.

Desinfektionsmittel sind für den Hausgebrauch völlig ungeeignet. Nicht nur gute Bakterien haben einen Wert für uns, sondern auch die schlechten. Sie trainieren unser Immunsystem, was unglaublich wichtig ist, um uns gegen die Angriffe aus der Kita zur Wehr zu setzen. Häufiges Händewaschen kann sinnvoll sein, wenn eine Krankheit bereits ausgebrochen ist und man die Familienmitglieder nicht anstecken möchte. Im Alltag sollte man es damit aber nicht übertreiben. Auch ist es kontraproduktiv, den Kindern das Buddeln in der Erde und das Probieren von Sand, Stöcken und Co. zu verbieten oder ihnen gar einzuschärfen, Lebensmittel nicht mehr zu essen, die auf den Boden gefallen sind.

# Traditionen

Gerade für kleine Kinder sind Gewohnheiten und Regelmäßigkeiten zwar äußerst wichtig, mit unseren gesellschaftlichen Traditionen können sie aber noch wenig anfangen. Für uns bedeutet das eine große Chance, die Sache entspannt anzugehen und nicht so viel auftischen zu müssen, wie uns unsere Gesellschaft vorgibt. Die Kinder freuen sich am meisten darüber, wenn etwas los ist, wenn die Eltern Zeit haben und Freunde oder Verwandte zu Besuch kommen. In dem Alter sind Süßigkeiten und Geschenke noch nicht wichtig, wenn auch wir ihnen nicht zu viel Bedeutung beimessen.

Natürlich möchte man schon in dem Alter den Grundstein für liebevolle Routinen entwickeln. Überdenkt man die gewohnten Abläufe von Geburt an, lässt sich einiges ressourcenschonender und ökologischer gestalten, als es in der Nachbarschaft vielleicht üblich ist. Kindern nachträglich Liebgewonnenes abzugewöhnen, ist deutlich schwieriger, als wenn sie gleich ohne solche Dinge aufwachsen.

## Kindergeburtstag

Was Geburtstag wirklich ist, können die Kinder in den ersten drei Jahren nicht wirklich verstehen. Trotzdem empfinde ich es als gute Gelegenheit, Freunde mit Kindern einzuladen und einen schönen Nachmittag zu verbringen. Das könnte man zwar auch so jede Woche, tut es aber meistens nicht. Die fehlenden Erwartungen der Kinder erlauben es uns, das Ganze entspannt anzugehen. Es besteht kein Grund für viel Heckmeck und eigentlich auch nicht für Geschenke. Hat das Kind alles, was es braucht, kann man sich an diesem Tag getrost auf das konzentrieren, was für das Kind am wichtigsten ist, und das sind Beziehungen, keine Gegenstände. Sind also liebe Menschen da, hat das Kind den schönsten Tag. Unser Sohn liebt es geradezu, wenn unser Haus voll ist. Er rennt dann stundenlang von einem zum anderen und berührt alle ganz innig.

Weil wir ganz bewusst materiellen Dingen weniger Bedeutung beimessen wollen, schenken wir unserem Sohn nichts zum Geburtstag außer einen großartigen Tag nach seinen Vorstellungen (nicht nach unseren – das versuchen wir zumindest). Alle materiellen Dinge, die er braucht, erhält er sowieso von uns, ohne dass sie an seinen Geburtstag gekoppelt sind. Dieser Umgang kann sich durchaus ändern, sobald das Kind zum Beispiel in der Kita andere Gepflogenheiten kennenlernt und sich ihrer auch bewusst wird. Aber bis dahin kann man es ruhig ausnutzen und in den ersten Jahren möglichst unkompliziert halten.

Möchte man den Kleinen etwas Besonderes bieten, kann man ein paar große Kartons besorgen und mit ihnen Häuser und Verstecke daraus basteln. Was sich damit so alles machen lässt, fällt ihnen schon von allein ein. Auch eine Rutsche aufzubauen ist ein großer Spaß. Ein lackiertes Brett, Möbel und einige Kissen reichen dafür aus. Vielleicht kennt ihr sogar jemanden, der eine Rutsche hat und sie mitbringen kann. Ist nichts davon zu finden, hüpfen die Kinder freudig auf einer Kissen- und Matratzenlandschaft herum oder werfen mit Bällen. Für den besonderen Tag kann man ruhig mal alles Kaputtbare beiseite räumen.

Für die Sommerkinder ist das Wasserspiel immer großartig. Ein Kübel im Garten, der Wasserspielplatz oder ein Rasensprenger bieten viel Spaß. Wie auch immer – Kinder sind so anspruchslos. Wenn sie aufeinandertreffen, ist immer was los und keiner langweilt sich.

## Geburtstagskuchen

Anstatt den Geburtstagskuchen mit den typischen bunten Kerzen aus billigem Wachs mit Plastikfuß zu übersäen, können auch Teelichter oder richtige Kerzen aufgestellt werden. Teelichter gibt es übrigens auch ohne Aluminiumhülle. Sie werden in Glas oder Edelstahlschalen gestellt, die immer wieder neu befüllt werden können. Das Kerzenwachs sollte am besten ohne Palmöl sein. Alternativen sind regionale Biomassen (recyceltes Fett) oder Bienenwachs.

Die große Bedeutung von Süßigkeiten auf Kindergeburtstagen beginnt erst, wenn wir damit anfangen. Solange die Kinder das nicht kennen, brauchen sie es nicht. Bieten wir doch herzhafte Knabbereien oder Alternativen wie Trockenfrüchte an. Unser Sohn lässt alles stehen und liegen für einfache Rosinen. Frage ich ihn, was er essen möchte, dann landen wir immer bei Nudeln. Wenn es trotzdem unbedingt ein Kuchen sein muss, dann ja nicht unbedingt der süßeste und weißeste, mit Zuckerglasur überzogene Kuchen, der denkbar ist. An dieser Stelle können wir so viel von ihnen lernen, weil sie sich über jede Kleinigkeit freuen können, ohne sich durch ihre nicht erfüllten Erwartungen den Tag versauen zu lassen.

## Gedeckte Tafel

Mit bunten Papptellern, Strohhalmen und Luftballons wird teilweise schon bei den Kleinsten angefangen. In dem Alter brauchen die Kinder nichts davon. Wer auf Luftballons wirklich nicht verzichten zu können glaubt, der nimmt am besten solche aus fairem Naturkautschuk und achtet penibel darauf, dass sie nicht in die Umwelt gelangen. Sie können bei Wildtieren großen Schaden anrichten. Ein nachhaltigerer Schmuck ist eine Wimpelkette aus Stoff, die bis zum achtzehnten Geburtstag aufgehängt werden kann. Man kann sie kaufen oder aus einfach aus geschnittenen Stoffresten zusammennähen. Wer überhaupt nicht nähen kann, der kann sie sogar an die Schnur tackern.

Wer zu Hause bleibt, der kann normales Geschirr nehmen. Für unterwegs geht das natürlich auch, gerade hier kommt aber gern buntes Einweggeschirr zum Einsatz, weil es leicht ist und eben bunt. Eine gute Alternative ist Bambusgeschirr, das genauso leicht ist und das es ebenso in vielen verschiedenen Farben gibt. Für das gebrauchte Geschirr kann je nach Bedarf ein großer Stoffbeutel oder ein Wetbag mitgenommen werden, der im Anschluss gewaschen wird.

## Karneval

Welche Bedeutung Karneval für Kleinkinder hat, hängt im Wesentlichen von den Eltern oder älteren Geschwistern ab (und natürlich vom Wohnort). Bei uns in Köln ist es sehr beliebt, schon die kleinsten Kinder in irgendwelche süßen Erdbeerkostüme zu stecken. Zugegeben, das sieht wirklich putzig aus, aber es gibt halt noch einige andere Gesichtspunkte.

Bei Kostümen sollte man genauso wie bei jeder anderen Kleidung auf die Qualität achten. Die billige Massenware ist durchweg mit Schadstoffen belastet und in der Regel aus synthetischen Materialen gefertigt. Kostüme in hochwertiger Bioqualität sind mir gar nicht bekannt. Am besten näht man die Kostüme selbst. Wer das nicht kann, der hat vielleicht noch eine Mutter oder Großmutter, die hier gern ihr Talent und ihre Erfahrung einbringt. Improvisation ganz ohne Nähen kann aber auch zum Erfolg führen. Kostüme können kurz vor Karneval auch gut auf Kleidertauschpartys getauscht oder ohne Gegenstück mitgenommen werden. In Secondhandläden sind sie um diese Jahreszeit leicht zu bekommen.

## Ostern

Da ich nicht dafür bin, Kindern in dem Alter Süßigkeiten zu geben, kann ich hier keine Empfehlungen geben, wie sich dabei Müll einsparen lässt. Wer trotzdem gern der Suchleidenschaft nachgeht, der kann das übrigens auch beim Müllsammeln tun. Kleinkinder haben wirklich Spaß daran.

## Nikolaus

Ein gesunder Nikolausteller besteht aus Mandarinen, Äpfeln, Rosinen und gekochten Maronen. Einen Schokonikolaus vermisst erfreulicherweise kein Kind in so jungen Jahren.

## Weihnachten

Wenn man Kinder fragt, was Weihnachten bedeutet, fallen ihnen sofort viele Geschenke ein – und dann lange erst mal nichts. Verübeln kann man es ihnen nicht, denn das Weihnachtsfest ist gesamtgesellschaftlich zum Konsum- und Shoppingfest verkommen. Da unser Konsum aber zu so viel weltweitem Leid führt, weil er Lebensräume für Menschen und Tiere zerstört, Menschen und Tiere ausbeutet, Ressourcen verschwendet und giftige Chemikalien in die Umwelt freisetzt, wünsche ich mir gerade an Weihnachten – immerhin dem Fest der Nächstenliebe –, die Konzentration auf Konsum und Besitz deutlich zu reduzieren. Auch wer an Weihnachten in die Kirche geht und für den Weltfrieden betet, der kommt nicht darum herum, sich mit den Auswirkungen des eigenen Konsums zu beschäftigen. Weihnachten kann so viel mehr als nur Konsum sein – geben wir ihm doch wieder eine Bedeutung weit darüber hinaus. Je früher man die Kinder an solch ein Weihnachten heranführt, desto einfacher fällt es ihnen. Gerade in den ersten Jahren besteht kein Grund, ihnen zu diesem Fest etwas zu schenken. Sie verstehen es sowieso nicht und sind auch nicht enttäuscht, wenn sie nichts bekommen. Bis sich das ändert, können wir ganz getrost ein entspanntes Weihnachtsfest feiern, ohne uns vorher durch die Shoppingcenter quälen zu müssen.

Kinder freuen sich vor allem darüber, dass Mama und Papa nicht arbeiten und ganz viel Zeit haben. Wenn dann auch noch andere Verwandte und Freunde zu Besuch kommen und Leben in der Wohnung herrscht, dann sind sie glücklich und zufrieden. Da Anwesenheit aber nicht gleich Aufmerksamkeit ist, könnte es sinnvoll sein, über die Feiertage die Handys auszuschalten und sich nur miteinander zu beschäftigen. Das ist das schönste Geschenk, was man den Kindern machen kann.

# Freizeitaktivitäten

Babys und Kleinkinder benötigen weit weniger Abwechslung als wir. Es ist nicht notwendig, ihnen jeden Tag etwas Neues, Aufregendes zu bieten. Zu viele Eindrücke können sie ganz im Gegenteil sogar überfordern. Ihr könnt das als große Chance nutzen, nicht in Freizeitstress zu verfallen und auf einfache Freuden zu setzen. Erst wenn sie irgendwann anfangen, an eurem Rockzipfel zu hängen und zu jammern, dann wird es Zeit, sich etwas anderes einfallen zu lassen.

## Spielplätze

Besucht regelmäßig die gleichen Spielorte oder Spielplätze. Die Kinder werden sich dort bald so wohl fühlen, dass ihr nur noch entspannt vom Rand zugucken müsst.

Lasst die Kinder selbst entscheiden, wie sie spielen möchten. Wir Erwachsenen sind nicht dazu da, ihnen zu zeigen, wie man auf einem Spielplatz spielt. Wir dürfen uns getrost raushalten, die Kleinen können das einfach besser. Wenn wir nicht immer mit ihnen von Gerät zu Gerät laufen, lernen sie früh, sich selbst zu beschäftigen und Auseinandersetzungen mit anderen Kindern auch allein zu klären. Für euch liegt der Vorteil auf der Hand, in der ihr das gute Buch haltet und es in Ruhe lesen könnt.

Besonders interessant ist für kleine Kinder der Sandkasten. Die vollkommen freie Struktur des Mediums Sand fesselt sie immer wieder. Natürlich nutzen sie dafür gern auch Sandspielzeug, aber nicht unbedingt immer das eigene. Macht eurem Kind keine Vorwürfe, wenn anderes Spielzeug interessanter ist, das ist ganz natürlich. Solange jeder etwas zum Spielplatz mitbringt, ist für alle Kinder genügend da. Einsammeln kann man später.

## Spielorte

Es muss aber nicht immer ein Spielplatz sein. Die Waldkindergärten sind das beste Vorbild dafür, wie Kinder alles, was sie zum Spielen benötigen, auf der Erde finden. Viele von uns haben leider kaum noch die Möglichkeit, mit den Kindern in eine Art Wald zu gehen. Auch bei uns in der Stadt ist das schwierig. Der angrenzende Beethovenpark bietet jedoch genügend waldartigen Wildwuchs, in dem man auf allerhand spannende Dinge stoßen bzw. einfach nur die Natur erfahren kann. Für Kinder sind das Hügel und Senken, die sie hoch- und runterlaufen. Stöcke, Äste und Baumstämme. Steine. Tiere. Wenn ihr schon früh immer wieder solche Plätze aufsucht, wo es kein »Spielzeug« gibt, lernen sie, sich mit den simpelsten Dingen zu beschäftigen und aus allem ein Spiel zu kreieren. Das macht besonders viel Spaß, wenn man nicht allein unterwegs ist, sondern mindestens ein weiteres Kind dabeihat. Dadurch entwickelt sich unter den Kleinen eine entdeckerische Dynamik, die sie über Stunden beschäftigen kann. Der Wald (oder eben unter Bäumen) ist der ideale Ort für warme und heiße Tage, an denen man selbst kaum Energie zur Bewegung hat. Nehmt euch eine Decke mit, breitet sie im Wald aus, sorgt für Proviant und lasst euch von euren Kindern die Umgebung zeigen.

So kann man auch ganz einfach seine eigene Waldspielgruppe gründen. Ihr braucht nicht viel mehr als ein paar Kinder und die dazugehörigen Eltern und ein Stückchen relative Wildnis. Mit der nötigen Zurückhaltung der Erwachsenen gehen die Kinder von ganz allein auf Entdeckungsreise, laufen einander hinterher, Hügel hoch und wieder runter und hämmern auf umgefallene Baumstämme ein.

## Gemeinsam mehr Spaß

Auch wenn die Kinder erst im Alter zwischen zwei und drei Jahren anfangen, miteinander zu spielen, merkt man doch einen deutlichen Unterschied, ob sie mit Mama allein oder mit anderen Kindern zusammen sind. Sie beobachten sich gegenseitig und reagieren durchaus aufeinander. Sind andere Kinder da, ist die Fixierung auf die Eltern deutlich geringer. Auf dem Spielplatz finden die Kinder meist genügend andere Kinder. Ist das nicht der Fall oder möchte man nicht immer nur auf den Spielplatz gehen, tut ihr euch am besten mit anderen Eltern zusammen. Regelmäßige Spieltreffs bereichern nicht nur die Erfahrungen der Kinder, sondern auch eure. Denn mal ehrlich: Die Kleinen sind zwar unglaublich süß und man liebt sie tief und innig, aber sie können auch ganz schon langweilig sein. Deshalb sind die meisten Babykurse stark darauf ausgerichtet, dass man andere Eltern kennenlernt. Anfangs hat mich das irritiert, mittlerweile weiß ich es zu schätzen, wenn man nicht immer allein mit dem Baby frei haben möchte. Nutzt also solche Gelegenheiten, andere Eltern zu treffen, wenn euer Freundeskreis das nicht bietet. Gerade in den Wintermonaten ist es schön, sich gemeinsam zu treffen. Denn das Spielen wird drin deutlich schneller langweilig als draußen.

### Tiere

Kinder lieben Tiere und sind von ihnen fasziniert. Deshalb ist es zu Recht beliebt, mit Kindern in den Zoo zu gehen. Ich persönlich bin sehr zwiegespalten, was Zoos anbelangt. Aber es muss ja nicht immer gleich ein Elefant sein. Die einfachsten Bauernhoftiere reichen gerade in den ersten Jahren vollkommen aus. Hühner, Kaninchen, Kühe, Schweine, Pferde und Hunde sind so spannend für sie, dass sie auch nach drei Jahren noch nicht genug davon bekommen. Aber auch Stadttiere wie Vögel, Kaninchen, Tauben und Krähen kann man sehr gut beobachten. Kleine Tier- oder Wildparks, in denen zumindest heimische Tiere relativ frei rumlaufen, können die Kinder ebenso immer wieder fesseln. Die Zoofrage wird sich sicherlich irgendwann auch bei uns stellen. Noch kann ich sie allerdings getrost in die Zukunft verschieben.

### Wasser

Das nächste Element, das auf Kinder faszinierend wirkt, ist Wasser. Sei es das Meer, ein Fluss, ein See oder ein Bach, es ist immer einen Ausflug wert. Im Sommer stellt man einfach eine Wanne mit Wasser nach draußen oder auf den Balkon und den einen oder anderen Becher dazu, und schon ist Beschäftigung garantiert. Es muss also noch nicht mal das standardmäßige Plastikplanschbecken sein.

Immer mehr Spielplätze bieten auch Wasserspielstellen, an denen die Kinder nach Herzenslust matschen und ausprobieren können. Da sie das auch tun, solltet ihr immer Wechselklamotten einpacken.

Versuche, unseren Sohn in die Badewanne zu locken, enden jedoch in der Regel so, dass einer von uns in der Wanne sitzt und sich zum Affen macht, während Levin am Rand steht und Gegenstände unter den Wasserstrahl hält.

Bisher ist mit Freiwilligkeit nichts zu machen. Anderen Kindern in dem Alter macht die Badewanne aber so viel Spaß, dass sie gar nicht mehr rauswollen, auch wenn das Wasser schon kalt ist.

### Müllsammeln

Müllsammeln klingt erst mal nicht nach einer Freizeitaktivität, die man sich freiwillig aussucht. Wer sich aber häufiger mal bewusst auf Straßen und in Parks und gerade an Spielplätzen umschaut, der wird merken, wie viel Müll überall herumliegt. Das sieht nicht nur schmuddelig aus, sondern ist auch eine Gefahr für Tiere, die solche Fremdkörper mit Nahrung verwechseln oder ihre Nester damit bauen. Deshalb beteiligen wir uns regelmäßig an Müllsammelaktionen und nehmen auch unseren Sohn dazu mit. Einerseits hat man sowieso unglaublich viel Freizeit und muss ohnehin nach draußen gehen, andererseits lernen die Kinder von klein auf, welche Fremdkörper nicht in die Natur gehören. Mein Sohn hebt tatsächlich mit zwei Jahren selbstständig Müll auf und hat Spaß daran, ihn in den Mülleimer zu werfen – alles kann ein Spiel sein.

Ohne gleich einer großen Müllsammelaktion beizuwohnen, hat man bei den endlosen Spaziergängen am besten immer eine Tüte dabei, in die man Müll stecken kann, den man am Wegrand findet. So könnt ihr eure Umgebung selbstwirksam schöner gestalten, einen guten Einfluss auf euer Umfeld ausüben und gleichzeitig noch die eine oder andere Kniebeuge machen, um nach der Geburt in die alte Form zurückzufinden.

### Mundraub erkunden

Auf *mundraub.org* findet ihr selbst in der Stadt an jeder Ecke frei zugängliche Obstbäume, Nussbäume und Beerensträucher. Sucht solche Orte gemeinsam mit den Kindern auf. Sie werden begeistert sein, spätestens wenn sie den ersten Apfel in der Hand halten.

### Kastanien sammeln

Kinder sammeln von Herzen gern. Wenn man mit dem Gesammelten dann auch noch was anfangen kann, umso besser. Sammelt im Herbst gemeinsam Kastanien und macht zu Hause Waschmittel daraus.

## Schwimmbad

Im Winter attraktive Aktivitäten zu finden ist deutlich schwerer als im Sommer. Für mich ist das der Beginn der Schwimmbadsaison. Dafür gibt es extra Schwimmwindeln aus Stoff. Dass Windelfrei-Kinder ins Wasser machen, ist zwar eher unwahrscheinlich, weil unsere Gesellschaft mit solch kontrollierten Kindern aber wenig vertraut ist, hat man besser immer eine Schwimmwindel dabei. Alternativ kann man natürlich auch vorher nachfragen, wie die Regeln im Schwimmbad lauten.

# Mobilität

Das Vorurteil, wenn man ein Kind hat, bräuchte man auch ein Auto, ist weit verbreitet. Deshalb kann ich es mir nicht nehmen lassen, damit ein wenig aufzuräumen. Ich habe mittlerweile sehr viele Familien kennengelernt, die bis zu drei Kindern haben und trotzdem gänzlich ohne Auto auskommen. Das ist nicht überall gleich einfach, aber wer in der Stadt lebt, hat gute Möglichkeiten, ohne eigenes Auto auszukommen.

Warum ist es mir so wichtig, kritisch auf den motorisierten Individualverkehr zu verweisen, wenn es um Babys und Zero Waste geht? Weil ich, spätestens seit ich ein Kind habe, sehr darunter leide, dass unsere Städte hauptsächlich auf den Autoverkehr ausgerichtet sind.

In der Schwangerschaft fing es bei mir an, dass mir beim Autofahren nicht mehr besonders wohl war. Mein Körper begann bewusst wahrzunehmen, wie gefährlich das Autofahren eigentlich ist. Allein in Deutschland starben 2018 fast 3.700 Menschen in Autounfällen. Auch beim Fahrradfahren in unserer Stadt wurde mir zunehmend mulmig. Vielleicht war es das neue Leben, das da in mir heranwuchs und mir meine doppelte Verantwortung klarmachte. Der gesunde Menschenverstand sagte mir immerhin, beim Fahrradfahren zu bleiben und nicht durch mein Autofahren die Situation noch zu verschlimmern.

Alle, die schon mal schwanger waren oder es gerade sind, wissen, wie viel stärker der Geruchssinn in dieser Zeit ausgeprägt ist. Ich hatte vor allem mit dem Geruch von Kaffee und geröstetem Brot zu kämpfen – und mit Autoabgasen. Während ich mittlerweile wieder leidenschaftlich gern Kaffee trinke, ist die Sensibilität für Abgase geblieben. Die oben genannten Todesfälle beinhalten noch nicht einmal solche, die aufgrund der Umweltbelastung sterben – ihre Zahl liegt fast dreimal höher. Und selbst wenn all die Abgase einen nicht gleich umbringen, so sind sie für keinen Organismus gesund, auch wenn die Grenzwerte (die Umweltverbände für zu hoch halten) nicht überschritten werden. Gerade für die Kinder bedeutet das eine Belastung. Nicht nur ist ihr junger, kleiner Körper mitten in der Entwicklung, sie sind mit ihrer Körpergröße auch genau auf der Höhe der stärksten Belastung. Schon wer ein, zwei Meter vom Straßenrand zurücktritt, kann die Aufnahme deutlich verringern.

Beginnt man, den Kinderwagen durch die Gegend zu schieben, zeigen sich gleich die nächsten Probleme, die Autos so mit sich bringen. Weil wir schon lange mehr Fahrzeuge haben, als eigentlich in unsere Stadt hineinpassen, ist aus dem Längsparken vielerorts still und heimlich ein diagonales Parken geworden. Für den Bürgersteig bedeutet das deutlich weniger Platz. Seit es SUVs gibt, fehlen weitere wertvolle Dezimeter. Allein komme ich da mit meinem relativ schlanken Körper immer noch ganz gut vorbei, mit Aufenthaltsqualität hat das aber nicht mehr viel zu tun. Und spätestens mit Kinderwagen ist es einfach nur stressig, ständig irgendwelchen Hindernissen auszuweichen und Gegenverkehr oder überholende Mitbürger vorbeizulassen. Es ist mir ein Rätsel, wie Zwillingseltern das machen.

Solange sich das Kind noch brav schieben lässt, hat man immerhin noch die Kontrolle, doch sobald es lieber aussteigt und läuft, ist das Chaos perfekt. Wenn wir mal wieder allen Menschen im Weg rumstehen, tröste ich mich damit, dass nicht ich die Ursache dafür bin und mein Sohn durch ein Lächeln jeden genervten Passanten besänftigt.

Trotzdem, eine Traumwelt ist das nicht. Spätestens seit mein Kind laufen kann, kommt der nächste Stressfaktor hinzu – die Todesangst. Bei meinem Sohn scheint es noch nicht angekommen zu sein, dass es relativ tödlich ist, vor ein Auto zu laufen. Sobald wir aus der Haustür sind, schlägt mein Puls deutlich schneller, bis wir den nächsten eingezäunten Spielplatz erreicht haben.

Wieso verbauen wir uns unseren Lebensraum derart mit Autos? Es ist mir schon klar, dass nicht jeder von uns in der Lage ist, das Autofahren so leicht sein zu lassen wie ich. Es sind aber unglaubliche viele Menschen, bei denen es kein Problem wäre. Mit Carsharing und Co. ist noch nicht einmal der gänzliche Verzicht auf ein Auto nötig. Würde nur jede Familie ihren Zweitwagen abschaffen, dann wäre die Platzsituation schon deutlich entspannter. Der Umstieg von Auto auf kein Auto ist zwar durchaus eine große Umgewöhnung, es lohnt sich aber, damit besser früher als später anzufangen – spätestens wenn das erste Kind da ist.

### Kosten

Ein Auto ist unglaublich teuer: Werden Anschaffungs, Reparatur, Benzin- und Wartungskosten, der Reifenwechsel, Versicherungen und Steuern mit eingerechnet, kann man ziemlich lange mit der Bahn fahren oder Carsharing nutzen. Wer einen konsequenten $CO_2$-Ausgleich betreibt (was eigentlich das Mindeste sein sollte), zum Beispiel bei *atmosfair.de*, der spart mit anderen Verkehrsmitteln noch mal mehr.

### Stress

Autos zu kaufen und zu verkaufen und dabei nicht über den Tisch gezogen zu werden, ist unglaublich anstrengend. Hat man das geschafft, ist ständig irgendwas kaputt, muss gewartet werden, oder der Reifenwechsel steht an. Zu alledem findet man noch nicht mal einen Parkplatz.

Das Autofahren selbst ist ebenfalls ein großer Stressfaktor. Ich erinnere mich noch gut an meine Autofahrerei und die latente Aggression, die in mir schwoll. Sich hinter verschlossenen Türen freizubrüllen und immer zu glauben, der andere wäre schuld, ist auch einfach zu verlockend.

### Luft

Die schlechte Luft in den Städten fordert immer mehr Todesopfer, begünstigt Krankheiten wie Asthma, und sie stinkt schlicht und einfach.

### Platz

Unsere Städte haben ein so unglaublich großes Platzangebot. Davon, was man alles Tolles mit so viel Platz anfangen könnte, haben wir aber noch nicht einmal eine Vorstellung, so geprägt sind wir durch den stets rollenden Verkehr und den vielen Asphalt, der dafür nötig ist. Am »Tag des guten Lebens« kann man einen Einblick in die Potenziale einer autofreien Straße gewinnen, in der Menschen ihre Stühle nach draußen stellen, das Gemüse in Hochbeeten wächst und auch gegessen werden kann und die Kinder ohne Sorge rumflitzen und mit den Nachbarskindern spielen, bis es dunkel ist.

### Angst

Leben in der Stadt mit Kind ist einfach stressig. Man muss immer auf der Hut sein und geschützte Spielräume aufsuchen. Lebensqualität stelle ich mir anders vor.

### Todesfälle

Die Zahl der Todesfälle zeigt, wie gefährlich das für uns selbstverständliche Autofahren eigentlich ist.

### Mikroplastik

Das Autofahren, genauer der Abrieb der Autoreifen, ist einer der größten Produzenten von Mikroplastik. Allein in Deutschland gelangen dadurch 60.000 bis 111.000 Tonnen Mikroplastik in die Umwelt und das Abwasser.

## Wie umsteigen?

Gründe gegen den motorisierten Individualverkehr gibt es also genug, oft hapert es aber an der individuellen Umsetzung: Es fehlt vielerorts an Alternativen. Bequemlichkeit und mangelnde Informationen tragen aber genauso ihren Teil dazu bei. Deshalb möchte ich euch konkret dabei helfen, umzusteigen.

### Kosten

Rechnet einmal durch, was euch ein Auto im Jahr kostet, mit allen tatsächlichen Kosten und ohne Augenwischerei. Onlinerechner wie *autokosten.org* können euch dabei behilflich sein. Dann rechnet mal, was es euch kosten würde, notwendige Fahrten mit Carsharing zu machen. Die Betonung liegt auf *notwendig*: Wenn man ein eigenes Auto hat, ist es wahrscheinlich, dass man es häufiger nutzt, als wirklich erforderlich ist.

### Erreichbarkeit

Prüft genau, ob eure Arbeitsstelle nicht auch mit ÖPNV, mit dem Fahrrad, mit einem Elektrorad oder einer Mischform erreichbar ist. Viele Arbeitgeber bieten vergünstigte Jobtickets an.

### Homeoffice
Fragt euren Chef, ob tageweise Homeoffice möglich ist und ihr so wenigstens seltener fahren könnt.

### Geschäftsreisen
Statt mit dem Flugzeug oder dem Auto kommt man gerade in die großen Städte sehr entspannt auch mit der Bahn.

## Mobil mit Kind

Wer mit Kindern unmotorisiert mobil sein möchte, der muss gut ausgestattet sein:

### Lastenfahrrad
Sehr praktisch und immer beliebter sind Lastenräder mit Sitzkabine vor dem Lenkrad. Nicht nur passen hier bis zu vier Kinder rein, es ist auch Platz für Babywiegen und jede Menge Stauraum für Spielzeug, Proviant, Windeln und den Einkauf. Viele Modelle haben sogar ein Dach, das vor Regen und Sonne schützt, und es gibt sie auch mit Elektroantrieb.

Der Nachteil ist, dass ein komplett neues Fahrrad angeschafft werden muss, das auch nicht gerade günstig ist (allerdings wesentlich günstiger als ein Auto). Dafür können die Kinder aber lange mitfahren, und der Wiederverkaufswert ist gut.

Wer nicht gleich ein eigenes Lastenfahrrad kaufen möchte, der kann sie in vielen Städten mittlerweile auch leihen. Lebt man in einer guten und freundschaftlichen Nachbarschaft, kann auch die Anschaffung eines Gemeinschaftsrades oder eines Dorfrades nachgedacht werden.

### Lastenanhänger
Der Lastenanhänger ist etwas billiger zu haben und für bis zu zwei Kinder geeignet. Der Nachteil besteht darin, dass die Kinderkabine hinterm Fahrrad mitgeführt wird und so nicht im Blick behalten werden kann. Dafür sind sie deutlich flexibler und können an jedes Fahrrad angehängt werden. Ein abmontierter Anhänger muss allerdings auch untergebracht werden. Das sollte man bei der

Anschaffung berücksichtigen. Gerade in Mietshäusern kann der Platz dafür knapp werden. Als Einsätze gibt es Babyhängematten und gefütterte Sitze.

So einen Lastenanhänger haben auch wir. Er wurde vor über 17 Jahren bereits gebraucht gekauft und hat seitdem vier Kinder durch die Gegend gefahren. Damit hat er erstaunliche Haltbarkeit bewiesen. Die neuen Modelle sind jedoch weitaus bequemer und flexibler. Statt spezieller Einbauten für Babys haben wir immer die Babyschalen oder Sitze fürs Auto darin festgeschnallt. Improvisation ist alles – gerade wenn der Zeitraum der Nutzung überschaubar ist.

### Fahrradsitz

Kann das Kind endlich sitzen, wird vieles einfacher. Jetzt lässt sich schnell der Kindersitz aufs Fahrrad stecken und das Kind hineinheben. Für mich ist ein solcher Fahrradsitz Gold wert, und ich genieße es sehr, unseren Sohn nun näher bei mir zu haben. Wenn auch aus Vollplastik, so ist die Anschaffung eines Regenschutzes sinnvoll. Ansonsten besteht die Gefahr, dass man bei jedem Regentropfen doch wieder ins Auto steigt. Und solange uns Regen nichts ausmacht, stört er die Kinder nicht.

Aber auch im fortgeschrittenen Alter können die oben genannten Modelle immer wieder zum Einsatz kommen. Mit ihnen lässt sich deutlich mehr transportieren, das Kind kann besser darin schlafen, und spätestens wenn mehrere Kinder ins Spiel kommen, reicht ein einzelner Sitz ohnehin nicht aus.

### ÖPNV

Bei der Deutschen Bahn dürfen Kinder bis einschließlich fünf Jahren ohne Fahrkarte kostenlos mitfahren. Im Alter zwischen 6 und 14 Jahren sind Kinder in Begleitung von mindestens einem eigenen Eltern- oder Großelternteil umsonst dabei. Die Zahl der Kinder, die mitfahren, muss auf der Fahrkarte des begleitenden Erwachsenen genannt sein. Deshalb sollte man schon bei der Buchung die mitreisenden Kinder angeben.

Seid darauf gefasst, dass der Kontrolleur einen riesigen Spaß daran hat, eurem Kind eine Kinderfahrkarte in die Hand zu drücken. Das ist ein Stück bunte Pappe, das fleißig zerkaut und zerknüddelt wird und anschließend auf den Boden fällt. Ihr werdet nicht aus der Bahn geschmissen, wenn ihr diese Karte ablehnt.

Es ist immer sinnvoll, die Kinder beim Fahrkartenkauf mitanzugeben, denn nur so bekommt ihr die Möglichkeit, auch Sitzplätze in speziellen Baby- und Kleinkindabteilen zu buchen. Hier sind deutlich mehr Platz und Freifläche zum Rumlaufen oder Krabbeln. Die Abteile sind geschlossen, sodass ihr weder hinterherrennen müsst noch es euch unangenehm sein muss, wenn die Kinder laut sind.

Lange Zugfahrten empfinde ich mit Kindern als wesentlich entspannter als Autofahrten. Das lange angeschnallte Stillsitzen langweilt sie schnell, dass es gerade nicht anders geht, können sie nicht immer verstehen. Im Zug kann man von einem Schoß zum anderen wandern oder ein bisschen herumlaufen, andere Fahrgäste beobachten und sogar Faxen mit ihnen machen. Viele Mitfahrende übernehmen gern eine Weile die Rolle des Alleinunterhalters für das Kind. Unser Levin lässt sich mit Freude von jedem bespaßen. Um sich darauf nicht verlassen zu müssen, sind ein Spielzeug oder ein Buch und etwas zu essen natürlich genauso nützlich wie im Auto auch.

Abhalten funktioniert im Zug auch deutlich unproblematischer. Man muss nicht lange warten, bis der nächste Rastplatz kommt, sondern macht sich sofort auf den Weg. Im Fernverkehr findet man stets eine funktionierende Toilette, in Regionalzügen ist das leider nicht immer der Fall. Manche Bahnunternehmen bieten ausklappbare Wickeltische im Waschraum. Das macht die Sache auch beim Abhalten sehr angenehm. Andernfalls kann man das Kind auf einer Babydecke, der eigenen Jacke oder Ähnlichem auf dem Boden ausziehen. In manchen Zügen sind die Toiletten dafür zu klein oder schlicht auch zu eklig. Hier zieht man das Baby halt schon auf dem Platz aus und geht mit dem nackten Po los. Idealerweise platziert man sich sowieso in die Nähe der Toiletten, damit der Weg nicht so weit ist.

## Einkauf

Viele Einkäufe werden heutzutage mit dem Auto erledigt. Mit Zero Waste ist das Einkaufen weit weniger aufwendig und deshalb auch leicht mit dem Fahrrad zu bewältigen.

- Einwegprodukte müssen nicht mehr regelmäßig nach Hause transportiert werden, weil man sie schlicht nicht mehr kauft: Windeln, Feuchttücher, Taschentücher, Klopapier, Küchenrolle, Tampons, Wattepads, Rasierer und vieles mehr.
- Babypflegeprodukte wie Shampoo, Duschcreme, Lotionen und Öle werden überflüssig.
- Wasser wird nicht geschleppt, sondern kommt zu Hause aus der Leitung. Mit einem Sprudelgerät gibt es selbst gemachtes Sprudelwasser.
- Obst und Gemüse könnt ihr euch in einer Biokiste liefern lassen.
- Bei Möbeln versagt das Fahrrad, aber die besorgt man sich ohnehin nur höchst selten.

Gerade mit Baby besteht die große Chance, den Einkauf vom Auto auf das Fahrrad umzulegen. Ihr müsst euch sowieso ständig überlegen, was ihr mit dem Kind unternehmt, da kann also auch Einkaufen dazugehören. Vielleicht geht ihr einfach häufiger einkaufen und dafür entsprechend weniger. Mit den oben genannten Vorteilen hält sich die Menge auch in einer entspannten Größenordnung.

Mit dem richtigen Fahrrad habt ihr zudem sowieso jede Menge Stauraum. Man muss zwar nebenbei noch ein Kind organisieren, aber der Rest ist Einstellungssache. Mit Ruhe und Gelassenheit an die Sache heranzugehen, muss man in dieser Ausnahmesituation sowieso lernen, genauso wie die Akzeptanz, dass alles doppelt so lange dauert. Aber das macht nichts, weil ihr wahrscheinlich ewig viel Zeit habt.

Einkaufen mit dem Fahrrad oder gar zu Fuß ist gerade für Städter sehr einfach möglich. Auf dem Land sieht es da oft schwieriger aus. Hier ist es sinnvoll, nicht viele kleine Einkäufe zu tätigen, sondern sich so gut zu organisieren, dass man nur einmal in der Woche (mit dem Auto) einkaufen muss. Ist die Strecke zum nächsten Laden nicht ganz so weit entfernt, überlegt euch, ob ihr sie nicht auch als Sporteinlage werten könnt. Sportliche Betätigung kommt mit Baby und Kind oft zu kurz, hier wäre sie gleich in den Tagesablauf integriert.

In der Anfangszeit sind die Kinder entspannte Begleiter, wenn man sie satt und trocken ins Tragetuch steckt. So ist ein ausgedehnter Einkauf kein Problem. Werden sie aufgeweckter und fangen an zu laufen, wird das schnell zu langweilig. Manche Geschäfte, vor allem Bioläden oder Unverpackt-Läden, bieten Spielecken für Kinder an, damit die Eltern in Ruhe einkaufen können. Gerade in solchen kleinen Geschäften ist das Personal auch gern behilflich. Unsere Mitarbeiter nehmen mit Freude den einen oder anderen Knirps auf den Arm, damit die Eltern die Hände frei haben.

### Ausflüge

Auch wenn eine Zugfahrt oft entspannter ist als eine Autofahrt, so sind Ausflüge mit öffentlichen Verkehrsmitteln häufig mit einem größeren Aufwand verbunden. Das Gepäck muss besser geplant, die Fahrtzeiten müssen beachtet werden, die Anfahrt zum Zug verlängert die Reisezeit, und dann gibt es auch noch viele Orte, wo man ohne Auto gar nicht hinkommt, weil sie nicht an die Bahnlinie angeschlossen sind. Trotz all dieser Hürden bin ich nicht mehr bereit, ständig ins Auto zu steigen. Viel mehr hinterfrage ich meine Mobilität grundsätzlich und bin deutlich langsamer und lokaler unterwegs. Entfernte Freunde sehe ich deutlich seltener und konzentriere mich auf die tollen Menschen, die um mich herum wohnen, und die Orte, die ich mit dem Rad oder der Bahn gut erreichen kann.

Oft ist es die fehlende Erholung, die uns Städter, gerade mit Kindern, wieder ins Auto steigen lässt – der Wunsch nach Natur, Ruhe und autofreien Räumen, wo unbesorgt herumgelaufen werden kann. Ist das nicht paradox? Warum gestalten wir unsere unmittelbare Umgebung vor allem mit unseren Autos so unattraktiv und menschenunfreundlich, dass wir immer wieder in eben diese steigen wollen, um dem zu entkommen? Es ist ein Teufelskreis.

Ich habe mich entschieden, daraus auszubrechen. Ich möchte nicht mehr länger Teil des Problems sein, sondern Teil der Lösung. Auch wenn ich dadurch weniger mobil bin, nehme ich das gern in Kauf, damit wir bald alle nirgendwo mehr hinfahren wollen, weil alles um uns herum so schön und erholsam ist. Dafür verzichte ich ganz bewusst auf das eine oder andere. Plätze zur Erholung gibt es auch in unseren Städten – noch. Lässt man sich darauf ein, findet man deutlich mehr, als man denkt. Meinen Sohn stört nicht, dass wir nicht ständig Ausflüge zu weiter entfernten Zielen unternehmen. Allein auf dem Weg von unserer Wohnungstür bis zum Park hat er so viel zu entdecken, dass ich mich manchmal frage, ob wir dort überhaupt ankommen. Dabei ist er (zu meinem Leidwesen) völlig von Autos begeistert – je größer, desto aufregender. Das Tollste sind für ihn die Müllautos – was für eine Ironie!

Die minimalistische Zufriedenheit von Zero Waste bezieht sich nicht nur auf den persönlichen Besitz, sondern auch auf das Erlebnispotenzial. Das ist gar nicht so leicht, wenn man von allen Seiten mit den aufregendsten Reisereportagen vollgequatscht wird. Ein Patentrezept dafür kann ich nicht geben. Ich versuche, nicht zu viel über Menschen nachzudenken, die mehr haben als ich, sondern stärker dorthin zu sehen, wo Menschen deutlich weniger haben. Das hilft mir dabei, mich an den kleinen Dingen zu freuen und ihnen die Wertschätzung entgegenzubringen, die sie verdienen. Gerade mit Kindern hat man die große Chance, in jedem Augenblick vollkommen präsent zu sein und ihn voll auszuleben und zu genießen, egal wo man ist. Wir können uns einiges von unseren Kindern abschauen: Ihnen ist es nicht wichtig, ob sie ihre Burgen mit thailändischem oder deutschem Sand bauen.

# Mein großer Dank geht an …

**… Gregor,**
weil du mich all die verrückten Sachen ausprobieren lässt und mich immer dann zügelst, wenn es mich doch mal überkommt und ich etwas anschaffen möchte, was wir nicht brauchen;

**… Anna, Eva und Lea,**
weil ihr mich immer wieder dazu zwingt, zu verstehen, wie Kinder wirklich ticken;

**… Monika,**
weil du uns mit deiner Liebe und Betreuung so unterstützt und Levin die Oma bist, die er nie hatte;

**… Sandra,**
weil du die perfekte Betreuung für unseren sensiblen Sohn bist und mich zudem mit deinen spirituellen Flausen immer wieder inspirierst;

**… meinen Vater,**
weil du Kinder wie angekündigt doch nicht doof findest, sondern im Gegenteil ganz vernarrt in sie bist;

**… Hanin, Josephine und Jenny sowie Jordi, Sami und Emila,**
weil ihr uns so einige Vormittage zusammen versüßt habt;

**... Daniel,**
weil du nicht nur ein toller Babysitter, sondern auch ein Seelenstreichler bist;

**... Katja,**
weil wir von dir so viel über die gewaltfreie Kommunikation lernen dürfen, was unser Gemeinschaftsleben jeden Tag wertvoller macht;

**... Martina,**
weil du mir den Inbegriff des Spielens nähergebracht hast und du in deiner unaufgeregt ruhigen Art mein großes Vorbild bist.

# Anhang

**Stoffwindeln**
Infos, Modelle, Videos und Anleitungen finden sich unter:
naturwindeln.de
windelwissen.de

**Gewaltfreie Kommunikation**
Gewaltfreie Kommunikation ist ungeheuer wichtig für unser Zusammenleben, vor allem, wenn Kinder mit ins Spiel kommen. Es gibt unzählige Bücher, Hörbücher, Online- und Offlinekurse sowie Webseiten zu dem Thema. Zehn Tipps für GFK mit Kindern finden sich hier:
empathie.com/gewaltfreie-kommunikation-kinder/

**Artgerechtes Aufwachsen**
Was artgerecht für unsere Babys ist, passt nicht immer zu unserer modernen Gesellschaft. Mit etwas Hintergrundwissen können wir uns das artgerechte Leben zurückerobern:
artgerecht-projekt.de

**Ökologisches Allerlei**
Alles, was es für einen Zero-Waste-Haushalt mit und ohne Kind braucht:
zerowasteladen.de
Oder besucht euren lokalen Unverpackt-Laden.

**Baby-geführtes Abstillen**
Infos, Hintergründe, Rezepte:
babyled-weaning.de

**Biostoffe**
Garn und Stoffe aus Biobaumwolle:
siebenblau.de

**Zero Waste mit und ohne Kind**
Mein Blog: zerowastelifestyle.de
Mein erstes Buch: *Ein Leben ohne Müll – Mein Weg mit Zero Waste*

**Grünes Spielzeug**
spielundkleid.de
greenstories.de

**Spielzeug leihen**
meinespielzeugkiste.de

**$CO_2$-Ausgleich**
atmosfair.de
climatefair.de
primaklima.org/de
thecompensators.org
de.myclimate.org

**Autofrei**
Einen Tag lang erfahren, wie es ohne Autos sein kann:
tagdesgutenlebens.de
Allgemeiner deutscher Fahrradclub:
adfc.de

# Rezeptverzeichnis

## Essen & Trinken

## Körperpflege



## Reinigungsmittel

# Der erste Erfolgstitel von Olga Witt

**Ein Leben ohne Müll**

Mein Weg mit Zero Waste
2., aktualisierte Auflage

Von Olga Witt
280 S. • Klappenbroschur • 2019
Print 20,00 €
E-Book 15,99 €

ISBN 978-3-8288-4269-4
ePDF 978-3-8288-7028-4
ePub 978-3-8288-7029-1

Zero Waste ist keine Diät, sondern eine Lebenseinstellung. Olga Witt zeigt, was der möglichst totale Verzicht auf Müll bedeuten kann. Auch wenn wir unsere bisherige Bequemlichkeit dafür ein Stück weit opfern, wird unser Leben nicht komplizierter, aufwendiger oder anstrengender. Ganz im Gegenteil, denn Zero Waste bedeutet vor allem Entschleunigung, Entspannung, Zufriedenheit und Verbundenheit mit uns selbst und der Welt. Wir gewinnen so viel mehr. Aber das erfährt man in der Regel erst, wenn man es selbst ausprobiert ... Der Bestseller ist ein mit vielen praktischen Tipps ausgestattetes Hand- und Mutmachbuch für alle, für Singles, Paare und Familien, die dem alltäglichen Müll Stück für Stück Lebewohl sagen wollen.

*2. Auflage mit aktualisierten Infos, noch mehr Ideen und neuen Rezepten*

Die Beschäftigung mit Zero Waste hat Olga Witts Leben grundlegend verändert. Mit ihrem Mann und vier Kindern lebt die Architektin in Köln, wo sie Mitbegründerin von *Tante Olga* ist, dem ersten verpackungsfreien Laden der Stadt, der mittlerweile eine Filiale hat. In ihrem Blog *zerowastelifestyle.de* berichtet sie von ihrem Streben danach, so wenig Müll wie möglich zu hinterlassen, und bietet Workshops und Vorträge zum Thema an.

# Nachhaltig glücklich

**Ich brauche nicht mehr**

Konsumgelassenheit erlangen und nachhaltig glücklich werden

Von Ines Maria Eckermann
336 S. • Klappenbroschur

Print 25,00 €
E-Book 19,99 €

ISBN 978-3-8288-4173-4
ePDF 978-3-8288-7049-9
ePub 978-3-8288-7050-5

Zweimal an denselben Ort in den Urlaub fahren? Niemals! Wir wollen mehr sehen von der Welt, mehr erfahren, mehr leben. Wir setzen uns Ziele, wohin wir reisen wollen, was wir essen und was wir uns kaufen wollen. Aus einem schicken Smartphone wird schon nach wenigen Monaten teurer Elektroschrott und aus dem neuen Kleid nur eines von vielen, das rasch von textilen Neuankömmlingen verdrängt wird.

Die neueste Mode, die innovativste Technik und der trendigste Lifestyle – wir sind süchtig nach mehr. Wir arbeiten, um zu kaufen, und hoffen, dass mit dem neuen Paar Schuhe oder dem schicken neuen Laptop auch das Glück in unseren Einkaufstaschen und in unserem Leben landet. Die Pleonexia, die Sucht nach mehr, macht sich nicht nur auf unserem Konto bemerkbar, sondern geht auch auf Kosten unserer Umwelt. Diese Sucht zu überwinden hilft uns dabei, nachhaltig zu handeln und dauerhaft glücklich zu werden.

Dr. Ines Maria Eckermann stellte schon früh fest, dass es einen Zusammenhang zwischen Lebenszufriedenheit und dem Umgang mit unserer Umwelt gibt. Deshalb engagiert sie sich seit ihrer Jugend in verschiedenen Naturschutzverbänden. Sie promovierte in der Philosophie über die Aktualität antiker Glückstheorien und ließ sich zur Seelsorgerin ausbilden. Heute arbeitet sie als Journalistin und Autorin und hält Workshops und Vorträge zu den Themen Nachhaltigkeit, Glück und Achtsamkeit. *www.ines-eckermann.de*